景观绿化技术与管理指南丛书

景观植物造型与配置

■ 陈远吉 主编

化学工业出版社

·北京·

本书共分4章，内容包括园林景观植物造景概述、园林景观植物造型造景技术、园林景观植物修整技巧、园林景观植物造型与配置必备资料等内容。

本书不仅具有实用性，而且具有很强的可操作性，可作为园林景观工程工作人员现场施工技术指导，也可作为园林景观绿化工人岗位培训机构以及技工学校、职业高中和各种短期培训班的专业教材，同时也适合园林景观工作人员自学使用。

图书在版编目（CIP）数据

景观植物造型与配置/陈远吉主编. —北京：化学工业出版社，2013.5

（景观绿化技术与管理指南丛书）

ISBN 978-7-122-16836-8

Ⅰ.①景… Ⅱ.①陈… Ⅲ.①园林植物-造型设计 Ⅳ.①S688.5

中国版本图书馆CIP数据核字（2013）第057851号

责任编辑：董 琳　　文字编辑：谢蓉蓉

责任校对：吴 静　　装帧设计：关 飞

出版发行：化学工业出版社（北京市东城区青年湖南街13号 邮政编码100011）

印 装：涿州市般润文化传播有限公司

787mm×1092mm 1/16 印张10½ 字数252千字 2013年6月北京第1版第1次印刷

购书咨询：010-64518888　　售后服务：010-64518899

网 址：http://www.cip.com.cn

凡购买本书，如有缺损质量问题，本社销售中心负责调换。

定 价：45.00元

编写人员

主　编　陈远吉

副主编　宁　平　李　娜

编　委　李　倩　李　娜　李春平　白　杨
陈桂香　陈东旭　陈文娟　陈愈义
陈远吉　陈远生　宁　平　宁荣荣
刘晓洁　梁海丹　罗　欢　符文峰
孙艳鹏　管志菲　谭　续　费月燕
叶志江　汪艳芳　毕春蕾

合作伙伴：中国考通网（www.kaotong.net）

前言

作为城市发展的象征，园林景观既是物质的载体，又是反映社会意识形态的空间艺术。植物是园林景观营造的主要素材，而且是唯一具有生命力特征的园林要素，不仅可以调节小气候、创造优美的环境，还能使园林空间体现生命的活力。园林植物的选择、配置是否得当，很大程度上决定了园林绿化能否达到实用、经济、美观的效果。随着社会的不断发展，人们对生存环境建设的要求也越来越高，园林事业的发展呈现出时代的、健康的、与自然和谐共存的趋势。植物景观设计的内涵也在不断扩展，对植物的应用日益广泛，管理日益科学、严格，也日益受到大众的重视和喜爱。

基于此，我们特组织一批长期从事园林工作的专家学者，并走访了大量的园林施工现场以及相关的园林规划设计单位和园林施工单位，经过了长期精心的准备，编写了这套“景观绿化技术与管理指南丛书”。

本套丛书共包括以下分册：

1.《景观植物病虫害防治技术》

2.《景观树木栽培与养护》

3.《景观草坪建植与养护》

4.《景观养护设备操作与维护》

5.《景观植物造型与配置》

6.《景观苗圃建设与管理》

7.《景观绿地养护管理》

8.《景观花卉栽培与管理》

本套丛书依据园林行业对人才的知识、能力、素质的要求，注重全面发展，以常规技术为基础，关键技术为重点，先进技术为导向，理论知识以“必需”、“够用”、“管用”为度，坚持职业能力培养为主线，体现与时俱进的原则。具体来讲，本套丛书具有以下几个特点。

(1) 本丛书在内容上，将理论与实践结合起来，力争做到理论精炼、实践突出，满足广大景观工作者的实际需求，帮助他们更快、更好地领会相关技术的要点，并在实际的工作过程中能更好地发挥建设者的主观能动性，在原有水平的基础上，不断提高技术水平，更好地完成园林景观建设任务。

(2) 本丛书所涵盖的内容全面而且清晰，真正做到了内容的广泛性与结构的系统性相结合，让复杂的内容变得条理清晰，主次明确，有助于广大读者更好地理解与应用。

(3) 本丛书涉及景观植物、草坪的栽培，景观植物病虫害的防治，景观养护设备的操作与维护，景观植物的造型与配置，苗圃、绿地、花卉养护管理与建设等一系列生产过程中的技术问题，内容翔实易懂，最大限度地满足了广大园林景观建设工作者对园林相关方面知识的需求。

(4) 本丛书涉及许多成功的园林景观工程，能使广大园林景观工作者从实例中汲取成功的经验，不断提高专业技术水平。

(5) 本丛书资料翔实、图文并茂，注重对园林景观工作人员管理水平和专业技术知识的培训，文字表达通俗易懂，适合现场管理人员、技术人员随查随用。

本套丛书在编写时参考或引用了部分单位、专家学者的资料，得到了许多业内人士的大力支持，在此表示衷心的感谢。限于编者水平有限和时间紧迫，书中疏漏及不当之处在所难免，敬请广大读者批评指正。

编　者

2012 年 8 月

目 录

第1章 园林景观植物造景概述 …… 1

1.1 园林景观植物造景的基本特征 …… 1
1.2 园林景观植物造景的基本形式 …… 2
1.2.1 孤植 …… 2
1.2.2 对植 …… 3
1.2.3 丛植 …… 3
1.2.4 群植 …… 3
1.2.5 带植 …… 4
1.2.6 林植 …… 5
1.2.7 绿篱 …… 5
1.2.8 花坛 …… 5
1.3 园林景观植物造景的基本功能 …… 7
1.3.1 空间构筑功能 …… 7
1.3.2 生态功能 …… 8
1.3.3 美化功能 …… 9
1.3.4 社会功能 …… 14
1.4 园林景观植物造景的基本程序 …… 15
1.4.1 资料收集与现状调查 …… 15
1.4.2 结果分析与评价 …… 15
1.4.3 总体植物景观设计 …… 16
1.4.4 局部植物景观详细设计 …… 16
1.4.5 植物景观分歧实施计划 …… 16
1.5 园林景观植物造景的原则 …… 16
1.5.1 统一原则 …… 17
1.5.2 调和原则 …… 17
1.5.3 均衡原则 …… 18
1.5.4 韵律和节奏原则 …… 18
1.6 我国园林景观植物造景现状及问题 …… 19
1.6.1 我国园林植物造景现状 …… 19
1.6.2 我国园林植物造景所存在的问题 …… 19
1.7 我国园林景观植物造景的发展趋势 …… 22
1.7.1 注重科学，结合自然 …… 22
1.7.2 地带性植被的恢复 …… 22

1.7.3 提升设计思想，大胆采用新品种 …… 22
1.7.4 绿化空间的拓展 …… 23

第2章 园林景观植物造型造景技术 …… 24

2.1 绿篱与色块 …… 25
2.1.1 绿篱 …… 25
2.1.2 色块 …… 32
2.2 园林植物立体造型 …… 35
2.2.1 行道树 …… 35
2.2.2 庭荫树 …… 40
2.2.3 孤植树 …… 42
2.2.4 绿化果树 …… 47
2.2.5 花灌木 …… 53
2.2.6 地被植物 …… 58
2.2.7 藤本植物 …… 66
2.3 花坛造景 …… 71
2.3.1 花坛造景的分类 …… 72
2.3.2 花坛造景植物的选择与花坛的设计 …… 73
2.3.3 平面花坛造景 …… 76
2.3.4 立体花坛造景 …… 77
2.3.5 模纹花坛造景 …… 81
2.4 草花造景 …… 83
2.4.1 草花造景的功能 …… 83
2.4.2 草花植物的种类 …… 84
2.4.3 草花造景的应用形式和应用场所 …… 84
2.4.4 草花造景的原则 …… 85
2.4.5 草花造景的应用现状 …… 86

第3章 园林景观植物修整技巧 …… 87

3.1 概述 …… 87
3.1.1 园林景观植物修整的目的 …… 88
3.1.2 园林景观植物修整的原则及方法 …… 89
3.1.3 园林植物修整的时间 …… 100
3.1.4 园林植物修剪的常用方法 …… 103
3.1.5 园林植物修整中的技术要点及后续的处理 …… 103
3.1.6 园林植物整修修剪的程序及注意事项 …… 109
3.1.7 常见园林树木修整要点 …… 111
3.2 园林景观树木常用修整工具及设备 …… 119
3.2.1 修整工具 …… 119

3.2.2 机械设备 …… 121
3.2.3 工具设备的保养 …… 125
3.3 各类园林植物的修整 …… 125
3.3.1 行道树的修整 …… 126
3.3.2 庭荫树和孤植树修整 …… 129
3.3.3 灌木类修整 …… 129
3.3.4 藤本类修整 …… 132
3.3.5 绿篱修整 …… 134
3.3.6 移植类修整 …… 136
3.4 古树名木的修整 …… 137
3.4.1 古树名木的修整背景 …… 137
3.4.2 古树名木的修整方式 …… 140
3.4.3 古树名木的复壮措施 …… 140
3.4.4 古树名木的修整意义 …… 143

第 4 章 园林景观植物造型与配置必备资料 …… 147

4.1 常用造景树 …… 147
4.2 常用行道树 …… 149
4.3 景观植物的选择 …… 150
4.4 常用草坪和地被植物种类 …… 151
4.5 常用花卉种类 …… 153
4.6 中国古典园林常用植物的特性、寓意及其作用 …… 155

参考文献 …… 157

第 1 章

园林景观植物造景概述

作为城市园林景观绿化的重要题材，园林植物更是构成园林景观的主题。各种园林景观植物，无论是灌木、藤木、乔木或地被植物，经过精心选择和巧妙配置之后，不仅可以起到绿化、美化和净化生活居住环境的作用，还可以丰富人们的精神生活，并能维持一定的生态平衡。园林植物造景一方面创造了现实生活的环境，另一方面又反映了意识形态，表达强烈的情感，从而满足了人们精神方面的需要，因此可以称得上是一门融科学和艺术于一体的应用型学科。

1.1 园林景观植物造景的基本特征

园林景观植物造景作为园林造景艺术指导下的一种运作设计，其材料由于是围绕绿色植物展开，因此有其独特的特征。概括起来，园林植物造景的基本特征有以下 6 点。

① 相对于以建筑为主的传统造景，以植物为主的造景更具有经济特色和美观特色。

② 植物景观不仅具有旺盛的生命力，而且能有效地净化园林空间和水源，防止水土的流失。

③ 植物景观具有其完整独立的可观赏性。优型树、独赏树以及一些观赏树群、树林等可以像园林的景观、景点一样，成为园林主景，并且在植物生长过程中，还呈现光景常新的动态景观变化。

④ 植物景观因其特殊的园林艺术之美，同时能表现诗情画意的意境。植物种类繁多，而且不同种类的植物其外形也不同，使其呈现丰富多样的形体、色彩以及质地差异；植物在不同的生长时期呈现不同的外观形貌，反映了差异极大的时序变化。例如，植物在叶色上的变化有春色叶、秋色叶的季相变化；在形体上的变化因其不同的立地条件下而形成，形体变化与风、雨、雾、雪等自然因素结合成奇特景象，呈现出别样的生动性。

⑤ 植物景观以植物为主，生长期长，因此景观的设计效果难以一时形成，但同时也易于控制和改造。

⑥ 植物景观最能体现园林有益身心健康的功能，因此是现代园林强调生态环境建设中

不可缺少的重要造景方法。

1.2 园林景观植物造景的基本形式

园林的规划形式决定了园林植物造景的景观艺术形式，也由此产生不同的植物景观风格(图 1-1)。目前，园林植物景观的形式大致可分为自然式、规则式、混合式和自由式四种，各有其独特的特点。以下是常见的几种具体的造景形式。

1.2.1 孤植

孤植即单株树孤立种植，见图 1-2～图 1-4。孤植树是园林种植构图中的主景，其个体美以体形和姿态的美为最主要的因素。

图 1-1 园林绿化景观

图 1-2 孤植的罗汉松

图 1-3 公园小路边地孤植树木

图 1-4 公园草地上的孤植树

1.2.2 对植

对植即将数量大致相等的园林植物在构图轴线两侧栽植，使其互相呼应的种植形式，见图 1-5～图 1-7。对植多用于建筑物、桥头、绿地的入口处，使人感到庄重、肃穆。

图 1-5 居住小区对植绿化

图 1-6 公园道路的对植景观

1.2.3 丛植

丛植即几株同种或异种树木不等距离地种植在一起形成树丛效果，见图 1-8～图 1-10。在丛植形式中，树丛是种植构图上的主景。而树丛的组合，不仅要考虑到群体美，还要考虑统一构图中每株个体树的个体美。

图 1-7 居住小区入口处的对植景观

图 1-8 湖边树丛

1.2.4 群植

群植即以乔木为主体，与灌木搭配组合种植，组成较大面积的树木群体，见图 1-11～图 1-13。群植所表现的主要是群体美，像孤植与丛植一样，树群也是构图上的主景之一。

图 1-9 公园小树丛

图 1-10 庭院小树丛

图 1-11 高低起伏的群植景观

图 1-12 核桃树群植景观

图 1-13 香樟群植景观

图 1-14 道路带植景观

1.2.5 带植

带植即大量植物沿直线或者曲线呈带状栽植，见图 1-14～图 1-16。带植多用于背景、隔离、防护用途，表现的是植物的群体美。

图 1-15　直线形带植景观

图 1-16　曲线形带植景观

1.2.6　林植

林植即由单一或多种树木在较大面积内，呈片林状地种植乔灌木，从而构成林地或森林景观，见图 1-17 和图 1-18。林植多出现于大型自然公园、工矿场区、自然风景区的防护带、城市外围的绿化带等。

图 1-17　林植绿化

图 1-18　公园林植景观

1.2.7　绿篱

绿篱是指由灌木或小乔木以相等的株行距，单行或双行排列而构成的不透光、不透风结构的规则林带，见图 1-19～图 1-21。

1.2.8　花坛

花坛是用活植物构成的装饰图案，即在具有一定几何形轮廓的植床内，种植各种不同色彩的园林植物而构成一幅具有华丽纹样或鲜艳色彩的美丽图案画，见图 1-22～图 1-24。

图 1-19　小区绿篱设计

图 1-20　居住小区路边绿篱

图 1-21　多种造型的绿篱

图 1-22　商业区的塑木花坛

图 1-23　组合式花坛

图 1-24　路边小花坛

1.3 园林景观植物造景的基本功能

由于园林植物造景是以植物为原材料，因此其具有的基本功能与植物紧密相连。植物的观赏特性、绿化功能等，从侧面上都反映了其景观的独特性能。总体而言，园林植物造景的基本功能主要有以下几点。

1.3.1 空间构筑功能

园林植物可以构成空间中的任一面，如地平面、垂直面和顶平面，见图 1-25。园林植物造景设计中，景观设计师会经常使用单株或成丛的园林植物来创造绿墙（图 1-26）、棚架（图 1-27）、拱门（图 1-28）和拥有茂密植被的地面等形式来构筑游憩空间。

图 1-25　多空间表达

图 1-26　公园绿墙

图 1-27　攀援植物构成的棚架

图 1-28　庭院植物形成的拱门

而植物本身就是一个三维实体，以其特有的点、线、面、体形式以及个体与群体组合，形成有生命活力的复杂流行性空间，因此是园林景观营造中组成空间结构的主要成分。像其他建筑、山水一样，植物还具有构成组织空间、分割空间、拓展空间变化的功能。植物所构筑的空间具有强烈的观赏性，而植物造景可以通过人们的视点、视线的改变而产生“步移景异”的空间景观变化。

根据人们视线的通透程度可以将植物构筑的空间分为四种类型，即开敞空间、半开敞空间、封闭空间和动态空间。

(1) 开敞空间　开敞空间在开放式绿地、城市公园、广场、水岸边等园林类型中多见，如草坪、开阔水面等，也就是指在一定区域范围内人的视线高于四周景物的植物空间。一般用低矮的灌木、草本花卉、地被植物、草坪可以形成开敞空间，其视线通透、视野辽阔，容易让人心胸开阔、心情舒畅，使人产生轻松、自由的满足感。

(2) 半开敞空间　从一个开敞空间到封闭空间的过渡空间就是半开敞空间，即在一定区域范围内，四周并不完全开敞，而是有部分视角被植物遮挡起来，其余方向则视线通透。开敞的区域有大有小，可以根据功能与设计的需要不同来设计。半开敞空间多见于入口处和局部景观不佳的区域，容易给人一种归属感。

(3) 封闭空间　依照封闭位置的不同，封闭空间又可分为覆盖空间和垂直空间。封闭空间是指人处在四周用植物材料封闭、遮挡的区域范围内时，其视距缩短、视线受到制约的空间。此类空间常见于休息区、小庭园、独处区等，由于视线受到制约，使得近景的感染力加强，因此容易使人产生亲切感和宁静感，适合人们独处或安静休息。

(4) 动态空间　动态空间即随植物的季相变化和植物生长动态而变化的空间。随着时间的推移和季节的变化，植物自身经历了生长、发育、成熟的生命周期，同时表现出发芽、展叶、开花、结果、落叶以及植株由小到大的生理变化过程，因此形成了叶色、叶形、花貌、色彩、芳香、枝干、姿态等一系列色彩和形象上的变化，给人以动态变化之感。动态空间带给人的是不同的方便和最美的空间感受。

1.3.2　生态功能

园林植物改善城市生态环境的作用正是通过园林植物的生态效益来实现的，各种各样的植物群落景观是改善城市环境、建设生态和谐园林的必由之路。

(1) 调节温度　园林植物具有很好的调节气温、控制强光与反光、通风、抑制冲蚀等作用，是创造较舒适的小气候最有利、最经济的手段。例如，夏季绿地区的温度明显低于无绿地的区域，而植物表面水分的蒸发不仅控制了过热的温度，同时也增加了空气湿度。而冬季，植物可以用来防风挡住冬季的寒风，同时植物的枝干又能投射阳光，因此，相比无植被覆盖的区域，有植被覆盖的区域其温度可增加 2～4℃。

在城市郊区设置大片的绿地，可以使城市与郊区之间形成对流，从而可以降低城市的温度，并且加速污染物的扩散。

(2) 净化空气　植物体的叶片是净化空气的主要武器，因其可以吸收二氧化碳制造氧气，维持碳氧平衡，所以是大气的天然过滤器。

就像人的“肝脏”一样，城市绿地同样具有解毒的功能。植物具有一定的抑菌和杀菌作用，因此相对其他区域而言，绿地的含菌量显著降低。同时大片的植被可以通过阻挡气流而降低风速，使得空气中的一些污染物沉降下来，减小了空气的污染。

(3) 保持、净化水土　绿地本身有着致密的地表覆盖层和地下的树、草根层，因而有着良好的固土作用，可以减少土壤的流失和沉积。在自然排水沟、水流、山谷线两侧若种植些耐水湿的植物（图 1-29），能起到稳定岸带和边坡的作用。

植物的根系能吸收大量的有害物质，因此具有净化土壤的能力，可以吸收、转化、清除或降解土壤中的污染物。

在污水处理方面，植物的根与土壤表层起到很大的作用，它们可使含过量养分及清洁剂的水分存留较久，而这些留在土壤表面的营养物质及清洁剂又会被微生物所分解，或者通过离子交换、化学沉淀、生物转变等方式移除或者被植物的根所吸收。

图 1-29　山谷边的绿化景观

(4) 降低噪声　噪声有损人的身体健康，而园林植物则是天然的“消声器”。茂密树木的冠和茎叶对声波有着很好的散射作用；树木表面的气孔和粗糙的毛，则像多孔纤维吸声板，能把噪声吸走，起到良好的隔声或消声作用，因此植物可以减轻噪声对人们的干扰和避免听力的损害。声波的振动可以被树的枝叶、嫩枝所吸收，因此具有较大弹性和振动程度的植物可以反射声音。若是将不同的植物与地形、建材、材料配合得恰到好处，则会得到意想不到的隔声效果。

一般来说，分枝低、树冠低的乔木要比分枝高、树冠高的乔木减低噪声的作用大；疏松的树木群则比成行的树木更能防止噪声；一系列狭窄的林带相比一个宽林带效果更好。防止噪声较好的树种有桧柏、龙柏、柏木、雪松、水杉、悬铃木、梧桐、垂柳、臭椿、樟树、榕树、柳杉、薄壳山核桃、马褂木、珊瑚树、桂花、栎树、女贞等。

(5) 警示指标　植物的光合作用和新陈代谢会受到环境污染的不同程度的影响，因此人们可以根据周围环境植物的变化，得知环境的变化。植物还可以检验环境遭受空气污染的状况，据此人们可以推测环境劣化的程度。因此可以以此类植物作为生物指标，通过植物病症来推知污染的存在。

1.3.3　美化功能

随着社会经济的快速发展，以及人们生活水平的不断改善，人们对于生活环境的要求也日益提高。园林植物的姿态各异、色彩丰富、质感多样，也正是园林景观中的主要观赏对象。因此，可以利用园林植物来营造多种不同的景观，在美化环境的同时，满足人们的视野要求。

(1) 表现时序景观　春季的色彩缤纷（图 1-30），夏季的绿柳成荫（图 1-31），秋季的落叶缤纷（图 1-32），冬季的挺拔枝干（图 1-33），这就是园林植物随着季节的变化所表现出的不同的季相特征。这种盛衰荣枯的生命规律为创造四季演变的时序景观提供了有利的条件。由此可见，在景观设计中，植物已不仅仅是“绿化”的元素了，还可以作为一种变化多端的渲染手段。人们可以根据植物这种季相的变化，将不同季相的植物进行搭配种植，如此一来，不同的时期就会显现出不同的景观效果。例如，在同一个区域内，可以欣赏到春天的繁花，夏天的绿叶，秋天的果实，冬天的枝干，不同时令的景观给人以不一样的感觉。

我国幅员辽阔，差异明显的南北气候更是使得植物的季相景观也呈现出不同的变化。例

图 1-30　花红柳绿的春天景致

图 1-31　绿荫浓浓的夏日景观

图 1-32　秋日落叶景观

图 1-33　冬天树木的虬枝枯干景观

如南方的四季如春，植物的季相变化不是十分明显。而北方却四季分明，春天迟来，春季异常短暂，百花争艳，植物的季相变化因此而非常突出；一到夏天，便是浓密的绿树成荫；秋天的山野则是层林尽染，恍若七彩般的神话世界；寒冷的冬季则有绿树点缀冰冷的室外空间，给人一丝温暖的气息。

(2) 创造观赏景点　作为营造景观的主要材料，园林植物本身就具有其独特的优美姿态、绚丽色彩和不俗风韵。形态各异、变化多端的园林植物，不仅可以孤植来展示其个体之美，又可按照一定的构图方式造景，展现其独特的群体之美，又可以根据各自的生态习性进行合理安排，巧妙搭配，营造出乔、灌、草、藤相结合的群落景观，不同的美感同时展现。

园林植物的出现，既弥补和强化了自然山水气息，又增加了山之巍峨水之悠长。由此可见，园林植物造景设计的艺术魅力是无穷的。例如，树干通直、气势雄伟的银杏（图 1-34)、白杨；曲虬苍劲、质朴古拙的油松（图 1-35)、侧柏；亭亭玉立、形态多姿的铅笔柏、圆柏（图 1-36）等。

当然，色彩缤纷的草本花卉更是创造观赏景观的好材料，其可以露地栽植，组成花境，也可盆栽摆放成花坛、花带，从而点缀不同区域的城市环境，同时创造出赏心悦目的主题园林景观。草本花卉的组合不仅能烘托喜庆的气氛，还能更好地装点人们的生活。

富有神秘气味、魅力色彩、有触觉组织的植物会使观赏者产生浓厚的兴趣，使人产生愉

图 1-34　路边银杏

图 1-35　初冬时期的油松

图 1-36　亭亭玉立的圆柏

悦的感受，例如桂花、蜡梅、丁香、月季、兰花、栀子、茉莉等。因此，在园林景观设计中可以利用各种香花植物进行造景，也可单独种植成专类园，微风送香，沁人心脾，给人们以不同的享受，让人尽情陶醉在浓郁的芬芳之中。

(3) 形成地域景观　不同的地域环境可以形成不同风格的植物景观，如热带雨林的阔叶常绿林植物景观、温暖带阔叶林混交林相植物景观、温带针叶林相植物景观等各具特色。

我国地域辽阔，气候迥异，园林植物栽培历史更是悠久，因此形成了丰富的植物景观。例如北京的国槐（图 1-37)、重庆的黄葛树（图 1-38)、云南大理的山茶（图 1-39)、武汉的荷花（图 1-40)、海南的棕榈科植物（图 1-41)、深圳的叶子花（图 1-42)、攀枝花的木棉（图 1-43）等，有着浓郁的地方特色。

园林植物在其漫长的栽培和应用观赏的过程中，已形成了具有地方特色的植物景观，并且与当地的文化融为一体，有些植物材料甚至逐渐演化成为一个国家或地域的象征。例如荷兰的郁金香、日本的樱花、加拿大的枫树等都是极具异域风情的植物景观，风格各有不同。

(4) 进行意境的创造　园林植物景观作为中国古典园林的典型的造景风格和宝贵的文化遗产，利用园林植物进行意境创作可谓是独具特色。借景抒情，以景衬情，从形态美到意境美，从而进入了忘我的境界。

园林景观创作中，人们可以抒发自己的情怀。例如被称为“四君子”的梅兰竹菊：“遥知不是雪，为有暗香来”，不畏寒冷的梅花（图 1-44）傲雪怒放；“兰生深山中，馥馥吐幽香”，清香淡雅的兰花（图 1-45）没有娇弱姿态，更无媚俗之意；“一节复一节，千枝攒万叶”，异于其他的绿竹（图 1-46）有自己的坚持；“质傲清霜色，香含秋露华”，本身耐寒的

图 1-37　北京国槐

图 1-38　重庆的黄葛树

图 1-39　云南古山茶

图 1-40　武汉东湖的荷花

菊花（图 1-47）更是独树一帜。在园林景观中，这种意境常常被固化，高雅而鲜明。植物景观与传统文化理念相运而生的意境，更是我国古典园林最为宝贵之处，也值得后人继续去挖掘，并且继承发扬。

(5) 烘托柔化建筑　棱角生硬的建筑，若是有绿篱、灌木、开花小乔木等植物的烘托，则会达到柔和的视觉效果，使得空间顿显生机和活力，同时柔软的植物枝叶会使得整个环境变得温馨而亲切，见图 1-48 和图 1-49。无论何种形态、质地的植物，都比那些呆板、生硬的建筑物和无植被的城市环境更显得柔和。因此被植物所柔化的空间，相比没有植物的空间，显得更诱人，更富有人情味。

(6) 统一完善　园林景观中的植物，可以使得两个并无关联的元素在视觉上联系起来，从而获得整体美观的美学效果。例如凌乱的临街建筑因缺少统一的元素给人以散乱的感觉，而在栽种植物后，建筑物之间就似乎构成了联系，使得整个景观的完整性得到了加强，给人

图 1-41　热带海南棕榈

图 1-42　深圳叶子花

图 1-43　四川的木棉花

图 1-44　梅花

图 1-45　兰花

图 1-46　竹

图 1-47　菊

图 1-48　植物对建筑物的柔化

以独立的完整感。

统一功能运用的典范，则体现在城市沿街的行道树中，在那里，每一间房屋或商店门面都各自不同，若是沿街没有行道树，周围的街景就会被分割成零乱的建筑物。而给两个独立的部分中间加入相同的元素，并且最好呈水平状态延展，就可获得统一的效果，保证景观的视觉连续性，增强景观的可赏性。

图 1-49　柔化的建筑

(7) 起到强调和标志作用　利用植物的特殊性能，如外形、色彩、质地等，可以使得游人对景点产生格外的关注，这就是利用园林植物起到强调和标志的作用。利用植物引起人们的注意力，使得空间或景物更加显而易见，这种景观常用在公共场所出入口、交叉口、庭院大门、建筑入口等需要强调、指示的位置，给人以引导和指示。

园林景观营造中，利用植物能够强调高低起伏的功能，形成突兀起伏或平缓的地形景观，这要比大规模地进行地形改造更容易达到预期的效果。

1.3.4　社会功能

(1) 社会作用　园林植物景观的社会效益，不仅为人们提供了游憩场所，还为人们开展各项有益的社会活动提供了舒适的场地。

因此，园林植物景观首先为人们提供了休憩的空间。因此，人们通过与自然的接触，认识并懂得了如何去爱护和享受自然，同时得到了心灵上的放松和内心的感悟，并可以激发人们热爱生活和积极进取的精神。

其次，优美的园林植物景观还可以通过调节人体的生理功能，来缓解人的压力。如新鲜的空气、优美的环境，使得精神状态高度紧张的人们得到了很好的放松，并且有利于神经衰弱、心脏病、高血压等疾病的恢复。

还有，园林植物景观可以改善城市的面貌和投资环境，使得城市的发展更具有潜力及竞争力，从而促进城市的发展。

（2）经济效益　园林植物的经济效益主要分为直接效益和间接效益。植物作为建筑、绿化、食品、化工等的主要原材料，产生了巨大的直接经济效益；而改善气候、释放氧气、保护环境、提供动物栖息场地等这些间接效益则是远远大于直接效益。在这方面，不能单独地强调某一层次，而应该是在满足生态、观赏等各方面需要的基础上，尽量提高其经济效益，两手齐抓。

1.4 园林景观植物造景的基本程序

园林植物造景的成功实现，必须按照合理的步骤进行。植物配置过程，首先要了解基址现状，做好充分的前期准备、分析工作；然后确定植物配置的主题思想；再进一步总结植物规划设计；最后再分区进行详细的植物配置设计；最终按设计图纸要求保质保量地施工。需要明确的是植物造景设计需要与总体规划相结合同时进行，而不应该是其他规划完成之后的插空绿化，这方面应该投以很高的注意力，使植物景观设计很好地体现在全局规划中。

1.4.1 资料收集与现状调查

（1）资料收集　收集设计基址的现状图、规划图、现状树木分布位置图以及地下管线图等图纸，设计师根据图纸可以确定以后可能的栽植空间以及栽植方式，根据具体的情况和要求进行植物景观的规划和设计。

除上述直接与植物景观有关的资料外还应收集与其有间接关系的资料。首先是该地段的自然状况如水文、地质、地形、气象、地下水位、降水量、温度、湿度、主导风向、最大风力、风速，以及冰冻线深度和冰冻期长短等。其次是植物状况，即本地区内乡土植物种类、群落组成，以及引种植物情况等。还有人文历史资料调查，地区特色、历史文物、当地的风俗习惯、传说、神话、故事、居民人口多少以及民族构成等。

（2）现场踏查　设计者进行现场实地踏查时，一方面可以现场校对、补充所收集到的资料，另一方面，设计者可以进行实地构思，根据具体环境大背景勾勒出合适的植物景观配置方式。资料主要应核对该地址内的人工设施，比如道路、建筑、地下管线；周围环境状况，比如配备设施、人流活动、污染源等，尤其是针对那些污染源的类型及危害程度要重点核实调查。

（3）现场测绘　有的工程没有提供准确的施工地址测绘图，设计师就需要进行现场实测，并根据实测结果绘制出该施工地址现状图。施工地址现状图中应该包含有施工场地内现存的所有元素，比如建筑物、构筑物、道路情况、铺装设施、所栽种的植物等。需要特别注意的是施工场地中所栽植的植物，尤其是需要保留的有价值的大树、古树乃至名树，要做到对其位置、胸径、冠幅、高度等进行测量并详细记录下来。另外，如果施工场地中某些设施需要拆除或者移除的应该在设计图纸上清楚地标明。

1.4.2 结果分析与评价

根据已经掌握的详细资料进行现状分析，是科学合理设计的基础与依据。现状分析的内容包括施工场地自然条件（包括地形、土壤、光照、植被等）分析、环境条件分析、景观定位分析、服务对象分析、经济技术指标分析等多个方面。现状分析的内容是比较复杂的，要想获得准确无误的分析结果，一般要多专业配合，按照专业分项进行，最后方能进行综合分析。

现状分析首先分析绿地规模、空间尺度；再对地形、建筑物、树木景观效果及价值、生长局限性分析，尽量避开或改造限制环境等内容；最后结合当地的区域特色，分析、挖掘可利用的人文内涵，做好前期准备工作。现状分析的目的是为了更好地指导设计，所以不仅要有分析的内容，还要有分析的结论，即对施工场地条件进行评价，得出施工场地中对于植物栽植和景观塑造全部有利和不利的条件，并提出相对应的解决方案。

1.4.3 总体植物景观设计

(1) 确定主题思想　植物造景主题思想的确定离不开现实的环境，还要与总体规划思想相一致。立意在先、意在笔先，根据具体环境确定主题思想，任何好的艺术作品的产生，是人们主观感情与客观环境的结合产物，不同的园林形式决定不同的立意方式。园林造景不同于大面积的植树造林，在保持各自的园林特色的同时，更要兼顾到植物材料的形态、色彩、风韵以及芳香等特色，以求达到内容与形式的高度统一，观赏者在寓情于景、触景生情的同时，达到情景交融的园林艺术审美效果。例如，在地形较高处易结合秋景树形成层林尽染的艺术效果；在水边或湿地多半是以浓荫蔽日的夏景为主；而对于宽阔平坦的地面多以大面积草坪与观赏树进行配置，点缀花灌木形成疏林草地的明朗景观效果等。总之，结合地域特色，立于施工现场的环境来确定植物景观主题，是成功设计的开篇之笔。

(2) 总体规划设计　总体规划应以生态学、美学理论为指导，以自然条件、绿化现状、现存植被及引种驯化等情况合理进行植物选择、植物配植，并科学考虑植物的采购、规格以及价格、养护管理等因素。根据景观立意完成总平面设计，可以按顺序绘制分析图、总体功能分区图，在此基础上绘制好总体植物景观图，还可辅以鸟瞰图及透视图等来表现主题。

1.4.4 局部植物景观详细设计

根据功能分区分别对各区进行详细的种植设计，并进行设计方案的修改和调整使设计图纸更加具体化。详细设计阶段应该从植物的外在形状、所具有的色彩、整体质感、季相变化、生长速度、生长习性等多个方面进行综合分析，以满足植物生态习性、合理的种植方式及较高的观赏效果等为目的。除了绘制平面图，还要有可行的施工图，包括植物的位置、种类、规格、土球大小、数量等，在图上一般以网格标明详细的种植距离。最后进行造价预算，编写设计说明书，以完整地表达设计的思想与内容。

1.4.5 植物景观分歧实施计划

项目的实施依据实际情况需要分期进行，设计者须详细罗列出计划表，并核准分期投资金额，明确分期完成任务及实现目标。另外，设计者还需协助施工队伍完成项目的建成，以便设计理念能很理想地被表达再现，而不会出现大的偏差，同时还可以在实际工作中发现问题及时沟通解决，保证工程顺利、有序地完成。

1.5 园林景观植物造景的原则

植物景观设计同样遵循着绘画艺术和造园艺术的基本原则，即统一、调和、均衡和韵律四大原则。

1.5.1 统一原则

统一原则也称变化与统一或多样与统一的原则。植物景观设计时，树形、色彩、线条、质地及比例都要有一定的差异和变化，显示多样性，但又要使它们之间保持一定相似性，引起统一感，这样既生动活泼，又和谐统一。变化太多，整体就会显得杂乱无章，甚至一些局部感到支离破碎，失去美感。过于繁杂的色彩会使人心烦意乱，无所适从，但平铺直叙，没有变化，又会单调呆板。因此要掌握在统一中求变化，在变化中求统一的原则。

运用重复的方法最能体现植物景观的统一感。如街道绿带中行道树绿带，用等距离配植同种。同龄乔木树种，或在乔木下配植同种、同龄花灌木，这种精确的重复最具统一感。一座城市中树种规划时，分基调树种、骨干树种和一般树种。基调树种种类少，但数量大，形成该城市的基调及特色，起到统一作用；而一般树种，则种类多，每种量少，五彩缤纷，起到变化的作用。长江以南，盛产各种竹类，在竹园的景观设计中，众多的竹种均统一在相似的竹叶及竹竿的形状及线条中，但是从生竹与散生竹有聚有散；高大的毛竹、钓鱼慈竹或麻竹等与低矮的箐竹配植则高低错落；龟甲竹、人面竹、方竹、佛肚竹则节间形状各异；粉单竹、白杆竹、紫竹、黄金间碧玉竹、碧玉间黄金竹、金竹、黄槽竹、菲白竹等则色彩多变。这些竹种经巧妙配植，很能说明统一中求变化的原则。

裸子植物区或俗称松柏园的景观保持冬天常绿的景观是统一的一面。松属植物都是松针、球果，但黑松针叶质地粗硬、浓绿，而华山松、乔松针叶质地细柔，淡绿；油松、黑松树皮褐色粗糙，华山松树皮灰绿细腻，白皮松干皮白色、斑驳，富有变化，美人松树皮棕红若美人皮肤。柏科中都具鳞叶、刺叶或钻叶，但尖峭的台湾桧、塔柏、蜀桧、铅笔柏；圆锥形的花柏、凤尾柏；球形、倒卵形的球桧、千头柏；低矮而匍匐的匍地柏、砂地柏、鹿角桧体现出不同种的姿态万千。

1.5.2 调和原则

调和原则即协调和对比的原则。植物景观设计时要注意相互联系与配合，体现调和的原则，使人具有柔和、平静、舒适和愉悦的美感。找出近似性和一致性，配植在一起才能产生协调感。相反地，用差异和变化可产生对比的效果，具有强烈的刺激感，形成兴奋、热烈和奔放的感受。因此，在植物景观设计中常用对比的手法来突出主题或引人注目。

当植物与建筑物配植时要注意体量、重量等比例的协调。如广州中山纪念堂主建筑两旁各用一棵冠径达 25m 的、庞大的白兰花与之相协调；南京中山陵两侧用高大的雪松与雄伟庄严的陵墓相协调；英国勃莱汉姆公园大桥两端各用由九棵椴树和九棵欧洲七叶树组成似一棵完整大树与之相协调，高大的主建筑前用九棵大柏树紧密地丛植在一起，成为外观犹如一棵巨大的柏树与之相协调。一些粗糙质地的建筑墙面可用粗壮的紫藤等植物来美化，但对于质地细腻的瓷砖、马赛克及较精细的耐火砖墙，则应选择纤细的攀缘植物来美化。南方一些与建筑廊柱相邻的小庭院中，宜栽植竹类，竹与廊柱在线条上极为协调。

一些小比例的岩石园及空间中的植物配植则要选用矮小植物或低矮的园艺变种。反之，庞大的立交桥附近的植物景观宜采用大片色彩鲜艳的花灌木或花卉组成大色块，方能与之在气魄上相协调。

色彩构图中红、黄、蓝三原色中任何一原色同其他两原色混合成的间色组成互补色，从而产生一明一暗、一冷一热的对比色。它们并列时相互排斥，对比强烈，呈现跳跃新鲜的效果。用得好，可以突出主题，烘托气氛。如红色与绿色为互补色，黄色与紫色为互补色，蓝色和橙色为互补色。我国造园艺术中常用万绿丛中一点红来进行强调就是一例。路旁草地深处一株红枫，雄红的色彩把游人吸引过去欣赏，改变了游人的路线，成为主题。杏树金黄的秋色叶与浓绿的拷树，在色彩上形成了鲜明的一明一暗的对比，这种处理手法在北欧及美国也常采用。

上海西郊公园大草坪上一株榉树与一株银杏相配植。秋季榉树叶色紫红，枝条细柔斜出，而银杏秋叶金黄，枝条粗壮斜上，二者对比鲜明。浙江自然风景林中常以阔叶常绿树为骨架，其中很多是具光泽的阔叶树种，与红、紫、黄三色均有的枫香、乌桕配植在一起具有强烈的对比感，致使秋色极为突出。公园的入口及主要景点常采用色彩对比进行强调，恰到好处地运用色彩的感染作用，可使景色增色不少。

黄色最为明亮，象征太阳的光源。幽深浓密的风景林，使人产生神秘和胆怯感，不敢深入。如配植一株或一丛秋色或春色为黄色的乔木或灌木，诸如桦木、无患子、银杏、黄刺玫、栗棠或金丝桃等，将其植于林中空地或林缘，即可使林中顿时明亮起来，而且在空间感中能起到小中见大的作用。红色象征热烈、喜庆、奔放，为火和血的颜色，刺激性强，为好动的年轻人所喜爱。园林植物中如火的石榴、映红天的火焰花，开花似一片红云的凤凰木都可应用。蓝色是天空和海洋的颜色，有深远、清凉、宁静的感觉。紫色具有庄严和高贵的感受。园林中除常用紫藤、紫丁香、蓝紫丁香、紫花泡桐、阴绣球等外，很多高山上具有蓝花的野生花卉也可以开发利用，如乌头、高山紫苑、耧斗菜、水苦荬、大瓣铁线莲、大叶铁线莲、牛舌草、勿忘我、蓝靛果忍冬、野葡萄、白檀等。白色悠闲淡雅，为纯洁的象征，有柔和感，使鲜艳的色彩柔和。园林中常以白墙为纸，墙前配植姿色俱佳的植物为画，效果奇佳。绿地中如有白色的教师雕像，则在周围配以紫叶桃、红叶李，在色彩上红白相映，而桃李满天下的主题也极为突出，最受中老年人及性格内向的年轻人欢迎。园林中植物种类繁多，色彩缤纷，常用灰叶植物则能达到统一各种不同色彩的效果。

1.5.3 均衡原则

均衡原则是植物配植时的一种布局方法。将体量、质地各异的植物种类按均衡的原则配植，景观就显得稳定、顺眼。如色彩浓重、体量庞大、数量繁多、质地粗厚、枝叶茂密的植物种类，给人以重的感觉；相反，色彩素淡、体量小巧、质地细柔、枝叶疏朗的植物种类，则给人以轻盈的感觉；根据周围环境，在配植时有规则式均衡（对称式）和自然式均衡（不对称式）。规则式均衡常用于规则式建筑及庄严的陵园或雄伟的皇家园林中。如门前两旁配植对称的两株桂花；楼前配植等距离、左右对称的南洋杉、龙爪槐等；陵墓前、主路两侧配植对称的松或柏等。自然式均衡常用于花园、公园、植物园、风景区等较自然的环境中。一条蜿蜒曲折的园路两旁，路右若种植一棵高大的雪松，则邻近的左侧须植以数量较多，单株体量较小，成丛的花灌木，以求均衡。

1.5.4 韵律和节奏原则

配植中有规律的变化，就会产生韵律感。杭州白堤上间棵桃树间棵柳就是一例。云栖竹径两旁为参天的毛竹林，相隔 50m 或 100m 就配植一棵高大的枫香，则沿径游赏时就会感到不单调，而有韵律感的变化。

1.6 我国园林景观植物造景现状及问题

1.6.1 我国园林植物造景现状

我国拥有的植物种类有三万种左右，居世界第二，被誉为“植物王国”，也是世界园林植物的重要发源地之一。我国植物种类中仅高等植物就30000种以上，其中乔灌木大约8000种，在历史上也为世界园林提供了珍贵的植物资源，近几百年来，又被不断地传至西方，因此对西方的园林、园艺事业也起到了很大的作用。

现今，随着人们生活水平的提高，植物景观也随之发生了空间的变化。人们对于植物的配置不再是原有陈旧的造景方式，而是更人性化、更合理化的植物景观，例如现代环境中的垂直绿化、立体绿化、屋顶花园及室内植物造景等各式各样的形式已是蔚然成风，已不再拘泥于地面的绿化造景。

现代园林植物造景已经突破了古代传统的造园手法，突破了一草一木、一山一水、一家一户等的小园林模式，改为将城市森林、生态园林等大尺度的绿化方式引入现代植物造景中，使得现代园林更为生态化、景观更为大地化、服务对象更为大众化。

然而，生态时代的到来和城市生态园林建设的不断深入，使得植物造景也被赋予了适应这一时代所需要的重要内涵：视觉上的艺术景观与生态上的科学景观兼具。忽略了其中任一方面都是不合理的。缺乏生物多样性的绿地，既不利于生态系统的稳定性和可持续发展，也与生态城市建设的方向背道而驰。

尽管我国植物资源有着雄厚的历史，但在目前，我国园林中用在植物造景上的植物种类却是相对缺乏。大量可供观赏的种类仍处于野生状态而未被开发利用，园艺品种呈现不足状态并逐渐退化。例如国外公园中的观赏植物种类有近千种，而相比之下，我国却是相差甚远，就连广州也是仅有300多种，上海和杭州各有200余种，北京只100余种，兰州则不足百种。这充分表明了我国对资源没有进行丰富的利用，与“植物王国”这个称号很不相称。

植物本身具有形态美和自然美，经过人为的整形后，虽然具有了人工美，但是却显得单调而乏味。并且，为维持人工美所付出的人力、财力也大大超出了建设当初的投入，而且不利于环境的改善，因为过多的人为修整破坏了植物原来的生理生态。

因此不能满足于现有的传统植物种类及配置方式，应通过对植物生态、植物分类、地被植物学等学科学习和借鉴，从而提高植物造景的科学性。

1.6.2 我国园林植物造景所存在的问题

传统的植物造景定义为：“利用乔木、灌木、藤木、草本植物来创造景观，并发挥植物的形体、线条、色彩等自然美，配置成一幅幅美丽动人的画面，供人们观赏。”其主要特点是强调植物景观的视觉效应，其植物造景定义中的“景观”一词也主要是针对视觉景观而言的。随着生态园林建设的深入和发展以及景观生态学、全球生态学等多学科的引入，植物景观的内涵也随着景观的概念范围不断扩展，传统的植物造景概念、内涵等已不能适应生态时代的需求。植物造景不再仅仅是利用植物来营造视觉艺术效果的景观，它还包含着生态上的景观、文化上的景观甚至更深更广的含义。应该看到，植物造景概念的提出是有其时代背景的，植物造景的发展不能仅仅停留在概念提出的那个时代，而应随着时代的发展而不断发展，尤其是随生态园林的不断发展而发展，这才是适合时代需求的植物造景，持续发展的植物造景。

1.6.2.1 绿量与景观质量方面所存在的问题

绿量是在生态园林建设过程中提出的一个重要概念，它不仅指所有生长中植物茎叶所占据的空间体积，广义上还包括一切有利于人类赖以生存的因素，即绿色环。当前植物造景中的绿量问题主要存在以下两个极端。

(1) 大草坪泛滥 目前的植物造景，特别是城市广场绿化中，无处不是千篇一律的大草坪绿化模式，以求得“开敞景观”、“热带风光”等效果，其弊端众人皆知。究其原因，除了流行风气外，一个不可忽视的原因就是建设者缺少对绿量的重视。倘若在设计建设中将绿量及其产生的生态、社会等多种效益纳入综合考虑中，相信一味追求单一的视觉效果的大草坪流行模式将会得到制止。在这一点上，英国风景师早已提出的“没有量就没有美”的做法是值得学习的。

(2) 乔木＋灌木＋草坪（地被）模式的滥用 乔木＋灌木＋草坪（地被）的植物搭配模式来源于人们对自然植物群落的学习，是一种将理想的生态效益得以最大限度发挥的模式，然而却常被人们误认为放之四海而皆准的真理，从而导致不分绿地性质、面积大小、环境负荷而一味滥用。园林建设讲究因地制宜、因时制宜，植物造景同样如此。只有因地制宜、因园制宜，结合绿地的使用性质、面积大小、环境条件等综合考虑，在此基础上建设的绿量才与景观质量成正比。一味地将自然植物群落中的乔木＋灌木＋草坪（地被）的结构搭配，不综合考虑园地大小、土壤贫瘠程度、交通安全、视觉安全等而滥用，其结果往往是造成大量植物死亡（超过植物承受的环境负荷力），甚至成为病虫滋生、犯罪猖獗的地方（因植物阻碍视线而使得场地不能得到周围游人的监视）。如果说大草坪的流行是缺少对绿量重视的极端，那么乔木＋灌木＋草坪（地被）的模式则是在缺乏对绿量含义真正理解的情况下，片面、过分地强调绿化量值的极端。

1.6.2.2 形式与功能方面所存在的问题

园林绿化讲究形式与功能的统一，植物造景作为园林绿化的一部分，理应遵循这一道理。然而，在现实绿化中常见到有人一味地追求绿地率，追求绿化视觉效果。将分枝低、体量大的雪松种在狭窄的街道上；将本已狭小的活动场地改建成草坪；将承载力高的林地树木砍掉，换成承载力低的草坪，凡此种种，无不是植物造景中形式与功能的冲突，其结果常常是好看不中用，其原因是缺少对植物造景中以人为本思想的思考。

1.6.2.3 科学性与艺术性方面所存在的问题

植物造景不同于山石、水体、建筑景观的构建，其区别于其要素的根本特征是它的生命特征，这也是它的魅力所在。植物造景是在植物能健康、持续生长的条件下进行的。病态的植物，失去生命活力的植物景观只能是残枝败柳、枯木废桩，是无法达到理想景观效果的。

科学的植物造景除了满足植物的生理生态、场地功能、视觉景观等需求外，还必须对植物造景的效果进行预见。植物景观是活体景观，随植物生长而发展变化的景观，对植物栽植施工后的景观变化及养护管理的考虑，是植物造景的特色。然而在现实问题中却常存在设计、施工、养护脱节甚至矛盾的问题。而在景观效果预见中常常将生长条件很好的植物作为理想的效果标准，而对植物能否达到预期的体量、季相变化、生长速度却缺少深入细致的结合植物栽植场地、小气候、干扰等多因素的考虑。比较明显的是在城市植物造景中，大多数树木的生长体积、生长率都低于同等条件下自然界中的树木，而这一点却没所得到设计师们的重视。

1.6.2.4 植物景观群落方面所存在的问题

（1）种单株与种群体的问题（个体与群体） 时下的植物造景中植物配置模式大多采用“自然式”、“三株一丛、五株一群”的零星点缀方式，这是源于传统的自然山水园的种植设计手法。事实上，将植物以群体集中的方式进行种植，其在绿量上的景观累加效应，同种个体的相互协作效应及环境效益都大大优于单株及零星的种植方式。从生物个体发育来看，大多数生物总是以群体的方式生存下来的，植物要形成一定的种植规模，其个体才能稳定地生存下来，单株的种类常因环境的竞争而被淘汰。这一道理在宝钢绿化建设中也已得到证实。

（2）多样性与稳定性问题 植物的多样性与群落的稳定性是源于对自然植物群落的理解，在自然植物群落中，植物群落的稳定性是由从小到显微结构的生命体，从大到巨大的森林树木之间的相互配合、相互依赖的结果，植物群落的稳定性是随种类的增加而增强。而在城市环境中这一群种类中的大多数种类将很难生存。因此，城市中的植物类群之间的那种在自然环境中存在的相互制约、相互协作的关系也很难存在。

1.6.2.5 乡土植物与外来植物方面所存在的问题

适地适树是植物造景中植物选择的基本原则，在此基础上提倡大力发展乡土树种，适当引进外来树种。然而，随着栽培及引种技术的发展，在国内苗圃市场缺乏统一规划的情况下，各地相继引进了一批适合本地生长的造景植物种类。所以，在丰富本地造景植物种类及植物景观的同时，不得不考虑以下问题。

（1）地方特色保护 植物是体现地方特色的要素之一，在不同的地理区域，不同的气候带，不同的土质、水质上生长着不同的植物种类，它是地方环境特色的有机组成部分之一。同时，不同的地方植物常常还是该地区民族传统和文化的体现，大量地引种外来植物易对地方文化特色造成巨大冲击。在我国昆山市亭林公园的东侧，种植着“玉峰三宝”中的“两宝”——琼花（图1-50）、并蒂莲（图1-51）。在城市绿化建设速度和质量都十分出众的昆山，外来植物品种的引进并没有影响到本土植物的发展，琼花、并蒂莲不仅受到很好的保护，还引以为豪，成为昆山的城市名片，以花扬名举办了多届的琼花节和并蒂莲展，保护与引进和谐并存。

图1-50 琼花

图1-51 并蒂莲

（2）生物多样性的保护　自然界中生物间的相互竞争、优胜劣汰的关系无处不在，人们早已明知在世界上盲目引种动物的危害（如澳大利亚野兔引种事件），但却缺乏对盲目引种植物危害的了解。外来引种植物造成本地植物种类的消亡、生态结构单一化等问题早已在国外进入了治理与恢复阶段。因此不能先引进后治理，不能走别人的老路。

另外，对稀有植物、保护植物的引种保护也应适可而止，因其对地方特色及物种多样性的冲击影响不可估量，全国上下盛行的“银杏风”即可例证。处处种银杏，谈何保护，谈何稀有，保护并不等于泛滥。

1.7 我国园林景观植物造景的发展趋势

中国古典园林是一个源远流长、博大精深的园林体系，其从园林设计到植物造景都包含着丰富的传统内涵。当前我国很多城市掀起绿化、美化的热潮，园林植物造景在城市环境建设方面取得了巨大的成绩。

随着科学研究的发展，人们的生态、环保意识也随之提高，由此人们对于植物的认识也有所改变，因为它不再仅仅是环境的点缀、建筑的配饰，更是作为景观的主体而被广泛地应用，而园林设计的核心正是植物景观设计。也正由于建设生态园林城市要求的提高，节约型绿地开始被人们所重视。

现代植物配置的发展趋势就在于，在充分地认识地域性自然景观中植物景观的形成过程和演变规律的同时，能顺应这一规律来进行植物配置。这就要求设计师不仅要重视植物景观的视觉效果，还要营造出适应当地自然条件、具有自我更新能力、能够体现当地自然景观风貌的植物类型，因地制宜、因时制宜、因树制宜的设计思想。在继承传统古典园林设计手法的同时，设计师也要学习借鉴国际一体化的新的设计手法，并且结合中国本土化，这也是中国现代风景园林植物造景发展的一个方向和捷径。

在上述基础上，可以从以下几个方面对我国当前园林植物造景的发展趋势进行深入的研究。

1.7.1　注重科学，结合自然

城市绿地植物景观的营造在追求美化的同时还要模拟自然植物群落，追求自然美。景观营造时应本着“少破坏，多补偿”的原则，模拟自然植物群落以构建出结构稳定、生态保护功能强、养护成本低、自我更新能力良好的植物群落。

在植物造景中提倡自然、创造自然植物景观已经成为新的潮流，现在越来越多的人们向往自然，追求丰富多彩、变化无穷的植物自然美。因此，在利用自然美的同时，还可以结合植物的生态功能来进一步改善城市的生态环境，从而提高居民的生活质量。

1.7.2　地带性植被的恢复

地带性植被恢复时，应加强探索乡土树种以及野花、野草在城市植物配置中的合理应用。而在绿地的景观设计中，则更应该以建设低养护、多样性高的植物群落为核心，设计出更合理的景观。

1.7.3　提升设计思想，大胆采用新品种

植物作为园林主要构景要素之一，承载着太多的历史文化，因此，要创造具有现代风格

的中国园林景观，就要努力地将植物的功能与现代的工程技术相结合，并结合实际环境，创造出更有思想、更有内涵的具有中国文化特色的园林植物景观。

我国植物种类繁多，而现代园林植物造景也将越来越重视植物品种的多样性，以采用不同的主题，来实现许多不同的景观效果。由于不同的植物品种在不同的生长周期有着各自独特的色彩表现，因此设计师可以从历史、文学、哲学等方面吸取营养，获得新颖主题的灵感，以便更好地探索使用新的品种，达到令人耳目一新的独特效果。

1.7.4 绿化空间的拓展

城市建设不断发展，建筑物以及路面的铺装也在不断增多，然而绿化空间却日益紧张起来。面对如此情形，设计师应全方位挖掘一切可以绿化的区域，见缝插针式地保证绿化覆盖率。在设计时，尽量使绿化向垂直方向发展，由此可以更好地解决城市绿化用地与建筑用地之间的矛盾，并努力向开拓城市立体绿化空间方向发展。

植物、环境、人三者之间是相互依存的，因此，从园林发展趋势来看，我国园林主要走的是以植物、自然为主并与生态保护相结合的发展道路。并且，对于植物造景，在继承古典园林精髓的同时可以赋予其新时代的内容，结合当今人们的生活方式和价值观、当今文化思想以及科学发展动态等进行新的园林景观设计，这正是对我国园林事业的继承和发扬的一个行之有效的途径。

第2章 园林景观植物造型造景技术

园林植物造型是指通过人工修剪与整形，或者利用特殊容器、栽植设备创造出非自然的植物艺术形式。植物造型更多是强调人的作用，因此有着明显的人工痕迹。常见的植物造型包括花坛、花池（图2-1和图2-2）、花境、绿篱、绿雕（图2-3）等类型。园林植物造景主

图2-1　塑木花池景观

图2-2　庭院花池

图2-3　绿雕

要包括两方面的内容，一方面是各种植物相互之间的造景，要求考虑植物种类的选择和组合，平面和立面的构图、色彩、季相以及园林意境；另一方面是植物与其他要素如园路、山石、水体、建筑之间的搭配。由于植物的造型奇特、灵活多样，因此植物的造型景观在现代园林中的应用变得越来越广泛。

2.1 绿篱与色块

2.1.1 绿篱

绿篱（图 2-4），又称植篱或绿墙，是由灌木或小乔木以相等的株行距，单行或双行排列所构成的不透光、不透风结构的规则林带。早在 17 世纪，欧洲一些规整式的园林中就有由一些常绿植物精心修剪而成的绿篱出现。现今，随着时间的推移，绿篱广泛地出现于园林中，有自然的、半自然的、规则的，许多国家甚至还出现了以高大乔木为材料的树篱。在我国各地的园林中，几乎随处都可以看到各式各样的绿篱。

图 2-4　修剪之后的黄杨绿篱

园林中绿篱的主要用途是在庭院四周或者建筑物周围用绿篱四面围合，形成独立的空间，以增强庭院和建筑的安全性、私密性，如图 2-5 所示。

选做绿篱用的树种必须具有一定的优良习性，如萌芽力强、发枝力强、耐阴力强、愈伤力强、耐修剪、病虫害少等。

2.1.1.1 绿篱的分类

（1）按绿篱的高度分类　绿篱按其高度可分为矮绿篱、中绿篱、高绿篱、绿墙。

图 2-5　小区绿篱

图 2-6　矮绿篱

① 矮绿篱　高度在50cm以下，人们可以毫不费力跨过的绿篱，称为矮绿篱。矮绿篱的主要用途是围定原地和作为图案边线装饰，如图2-6所示。

② 中绿篱　高度在50～120cm之间，人们要十分费力才能跨过或跳越而过的绿篱，称为中绿篱。中绿篱的主要用途是用于场地的界线和装饰，是园林中常用的类型，如图2-7所示。

③ 高绿篱　高度在120～160cm之间，人们视线可以通过，但其高度一般人已经不能跳越而过的绿篱，称为高绿篱。高绿篱的主要用途是划分不同的空间，屏障景物；也可以作为雕像、喷泉和艺术设施等景物的背景，更好地衬托这些景观小品；还可用其形成封闭式的透视线，这要比用墙垣更富有生气，如图2-8所示。

图2-7　中绿篱

图2-8　朱槿高绿篱

④ 绿墙　绿墙是一类特殊形式的绿篱，一般由乔木经修剪而成，高度在人视线高160cm以上，有的还在绿墙中修剪形成绿洞门，如图2-9所示。

(2) 按绿篱的整形修剪程度分类　绿篱按其整形修剪的程度可分为自然式绿篱、整形式绿篱。

① 自然式绿篱　是指一般只施加少量修剪，保持一定的高度，下部枝叶保持自然生长，不塑造一定的几何形体，以调节生长势态的绿篱（图2-10）。

图2-9　欧式绿墙

图2-10　自然式绿篱

② 整形式绿篱　是指经过长期不断的修剪，而形成的具有一定规则几何形体的绿篱。此类绿篱具有较强的规整性，人工塑造性强，因此也被称为规整式绿篱，如图2-11所示。

（3）按植物种类和营造要求分类　绿篱按其组成的植物种类和营造要求可分为常绿篱、彩叶篱、花篱、落叶篱、刺篱、蔓篱、观果篱、编篱等。

① 常绿篱　常绿篱是园林应用最广的一种绿篱，由常绿针叶或常绿阔叶植物组成，一般都修剪成规整式，如图2-12所示。在北方主要利用绿篱常绿的枝叶，来丰富冬季植物景观。尤其以针叶树种组成的常绿篱，给人以别样的感觉，因为有的树叶具有金丝绒般的质感，使人感觉舒畅、平和、轻柔；而有的树叶因颜色暗绿，质地坚硬，反而给人一种严肃、静穆的气氛。在常绿篱中，以阔叶常绿树种组成的常绿篱则因树种种类众多而更有多样的效果。

图2-11　规整式绿篱

图2-12　常绿篱

在选择用作常绿篱的植物时，注意一定的选择要求，即必须是生长速度较慢，植物枝叶繁密，有一定的耐阴性，且不会产生枝叶下部干枯现象的植物。用作常绿篱的常用树种主要有桧柏、圆柏、海桐、球桧、侧柏、杜松、红豆杉、石楠、罗汉松、矮紫杉、冬青（图2-13）、大叶黄杨、小叶黄杨、雀舌黄杨、黄杨、锦熟黄杨、女贞、胡颓子、月桂、小蜡、水蜡、小叶女贞、蚊母树、茶树、凤尾竹、观音竹、珊瑚树等。

② 彩叶篱　为了丰富园林景观的色彩，绿篱有时会选用红叶或斑叶的观赏树木配置而成，即形成彩叶篱。彩叶篱正是以其彩色的叶子为主要观赏特点，而显著改善园林景观，使得在没有植物开花的季节，园林也能有华丽的色彩，吸引人的眼球，如图2-14所示。彩叶

图2-13　法国冬青绿篱

图2-14　彩叶篱

篱在少花的冬秋季节尤为突出，因此在园林中的应用越来越广泛。

组成彩叶篱的树种主要有以下种类。

a. 叶具黄色或白色斑纹，冬季落叶的树种：白斑叶溲疏、金边刺檗、白斑叶刺檗、黄斑叶溲疏、银边刺檗、彩叶锦带花。

b. 叶具黄色或白色斑纹，冬季不落叶的树种：各种斑叶黄杨、各种斑叶大叶黄杨、黄脉金银花、金心女贞、黄斑叶珊瑚、金莲珊瑚、金叶桧、金叶侧柏。

c. 叶红色或紫色，冬季凋落的树种：紫叶刺檗、紫叶小檗。

d. 叶红色或紫色为主，冬季不凋落的树种：变叶木、红桑。

上述所有的彩叶树种，除了华南的变叶木及红桑大量扦插繁殖比较容易外，其余树种的扦插繁殖十分费工，因此并不是一下子就可以获得大量的种苗。同时，其中许多白斑及黄斑叶品种，很多是植物本身的一种病态现象，由于生长势都比较弱，管理非常费工，因此彩叶篱除在特别重点地区应用外，一般地区并不宜多用。

图 2-15 花篱

③ 花篱 花篱是园林中比较精美的绿篱，是由枝密花多的花灌木组成，色彩绚丽耀眼，一般在重点地区应用。花篱选用的树种不但有不同的花色、花期，而且还有花的大小、形状、有无香气等的差异，从而形成情调各异的景色，令人赏心悦目，如图 2-15 所示。

在花篱树种中，常绿芳香花木在芳香园中用作绿篱，效果尤为显著，其主要有栀子花、桂花、米仔兰、九里香等。落叶花灌树木有紫荆、锦带花、郁李、珍珠花、木槿、日本绣线菊、麻叶绣球、金缕梅等。常绿花木有假连翘、迎春、凌霄、三角花、朱槿、六月雪等。

④ 落叶篱 落叶篱由一般的落叶树种组成，主要应用于冬季气候严寒的地区，例如我国的东北地区、西北地区及华北地区，这些地区由于缺乏常绿树种或常绿树生长过于缓慢，而常采用落叶树为植篱。

落叶篱常选用春季萌发较早或萌芽力较强的树种，主要有榆树、雪柳、水蜡树、茶条槭、胡颓子、沙棘、牛奶子、冻绿、小檗、紫穗槐、鼠李、沙棘、小叶女贞、桂香柳、沙枣等。

⑤ 刺篱 刺篱由带刺的树种组成，有些植物本身是刺状或具有叶刺、枝刺，而这些刺不仅具有较好的防护效果，也可作为观赏材料，因此在一般情况下，通常把它们修剪成绿篱，起到一举两得的作用。

用作刺篱的常见树种有枸杞、雪里红、欧洲冬青、山花椒、十大功劳、山皂荚、阔叶十大功劳、刺柏、齿叶桂、小檗、日本十大功劳、刺黑珠、黄刺玫、马蹄针等。

⑥ 蔓篱 蔓篱是由攀援类植物组成，在营造时需要事先设好供植物攀附的木栅栏、竹篱等。蔓篱在园林中或一般的机关和住宅中比较多见，由于一时之间得不到高大的绿篱树苗，因此先建立格子竹篱、木栅围墙或是铅丝网篱，同时栽植攀援类植物，使其攀援于篱栅之上，这样是为了能够迅速达到防范或区别空间的作用，别具特色，如图 2-16 所示。

可以用作蔓篱的树种主要有蛇葡萄、地锦、南蛇藤，还可选用草本植物、丝瓜、牵牛花等。

⑦ 观果篱　观果篱通常由具有色彩鲜艳的果实的灌木组成，一般应用于重点绿化地带，园林绿地中应用较少。观果篱主要以不加过度的规则整形修剪为主，倘若修剪过度，则会导致结实率减少，影响到观赏效果。

图 2-16　蔓篱

有些植物具有美丽的果实，用作绿篱时更是别具一番风韵。用作观果篱的常见树种有枸杞、火棘、忍冬、花椒、紫叶小檗、多花栒子、平枝栒子、郁李、罗汉松、石楠、火炬树、小紫珠、东瀛珊瑚、卫矛、金柑、南天竹等。

⑧ 编篱　编篱是指园林中把绿篱植物的枝条编结起来的绿篱，从外表形成一种紧密一致的感觉。编篱时，在植物的枝条幼嫩时将其编结成一定的网状或格栅状的形式，可以编成规则式，亦可编成自然式。

编篱通常由枝条韧性较大的灌木组成，常选用的植物有紫薇、枸杞、杞柳、木槿、小叶女贞、雪柳、连翘、紫穗槐、金钟等。

2.1.1.2　绿篱的功能

（1）防范、围护功能　绿篱的最初应用主要是为了起防范的作用，因此防范是绿篱最古老、最普遍的功能作用。显而易见，几乎所有的园林绿地中，常以绿篱作为防范的边界，例如用刺篱、高篱或绿篱内加以铁丝。一般机关、学校、医院、住宅、工厂、花园、果园、公园等单位都以绿篱作为防范的周界，以阻止行人随便进入，相比于围墙、竹篱、栅栏或者铅丝篱，这种植物的防范性要在造价上经济得多，同时比较美观可取，使得庭院富有生机。

有些机关单位、街坊或公共园林内部某些局部，除按一定路线通行外，在不希望行人任意穿行时，可用绿篱作围护。例如，园林中的观赏草地、基础栽植、果树区、游人不能入内的规则观赏种植区等，常常用绿篱加以围护，以防行人任意穿行，避免不必要的后果产生。此类绿篱的观赏要求较高时可选用矮绿篱加以围护；若是围护要求较高时，则可用中绿篱加以围护。

防范性绿篱形式一般选用自然式，但一些观赏要求较高的进口附近仍然应用整形式。作为围护性的绿篱一般多采用整形式，一些观赏要求不高的地区可以采用自然式。

此外，绿篱还可用于组织游览路线，即对一些不能通行的地区用绿篱加以围护，能通行的部分则留出路线。

（2）分隔组织空间　绿篱可以用来分隔不同功能的园林空间。由于园林的空间有限，往往又需要安排多种活动用地，因此在园林营造中，这时绿篱就起到作用了。例如在综合性公园中的儿童游乐区、安静休息区、体育运动区等区与区之间，或单个区的四周设置绿篱，可以减少相互干扰。这种绿篱在应用时最好选用由常绿树组成的高于视线的绿墙形式，效果比较突出。

一些局部规则式的空间，也可用绿篱来隔离，如此一来，对比强烈、风格不同的布局形式可以得到一定的缓和，不会显得过于生硬。

(3) 作为规则式园林的区划线和装饰图案的纹饰　在许多规则式的园林中，常以中绿篱作为分区界线，以矮绿篱作为花境的镶边，作为花坛和观赏草坪的图案花纹。作为装饰性的矮绿篱一般选用的树种有九里香、黄杨、大叶黄杨、日本花柏、桧柏等，其中雀舌黄杨和欧洲紫衫最为理想。因为黄杨生长缓慢，纹样不易走样，所以比较持久，应用较广。

(4) 遮掩建筑物　园林中，时常会有一些不太雅观的建筑物或园墙、挡土墙等，这时可以采用绿篱来做遮掩。绿篱在用作遮掩建筑物时，一般多采用较高的绿墙，还可以在绿墙下点缀花境、花坛，构成美丽的园林景观。在园林中的挡土墙前种植由常绿植物和金叶女贞、大叶黄杨等修剪而成的中篱，可使挡土墙上面的植物与绿篱连为一体，从而避免了硬质的墙面影响园林景观，不致于周围景观显得生硬而笨拙。在遇到粗放的纹样时，可以考虑用常春藤来组成绿篱。

(5) 背景烘托功能　在一些西方古典的园林中，常常会用到月桂树及欧洲紫衫等常绿树修剪成各种形式的绿墙，以作为喷泉和雕像的背景，其高度一般要与喷泉和雕像的高度相称，以便更好地起到烘托的作用。在为花境选择烘托的背景时，一般常考虑选用常绿的高绿篱及中绿篱。作为一些花境、喷泉、雕像、小型园林设施的背景，绿篱在色彩选择上宜选没有反光的暗绿色树种。

(6) 美化功能　规则式园林中，为了避免挡土墙立面上的单调与枯燥，常常在挡土墙的前方或上方栽植绿篱，用以美化挡土墙的立面，赋予其一定的生机。

2.1.1.3　绿篱的种植与营造

(1) 绿篱的种植密度与要求

① 绿篱的种植密度　绿篱的种植密度取决于苗木的高度和将来枝条伸展的幅度，当然也可根据其使用的目的性，以及所选树种、苗木的规格和种植地带的宽度而定。

如果苗木的高度为0.6m，则种植的株距约为0.3m。在种植矮绿篱和一般的绿篱时，其株距为30～50cm，行距为40～60cm，双行式绿篱则呈三角交叉排列种植。绿墙的株距可以采用100～150cm，行距为150～200cm。绿篱在种植时，其起点和终点应做尽端处理，目的是使其从侧面看起来比较厚实和美观。

② 绿篱的种植要求

a. 绿篱的种植时间一般都在春天，即在植株幼芽的萌动之前。

b. 在种植挖沟时，应该及时清除掉杂草、石块、垃圾及其他植物的根等；若是遇到土壤贫瘠的情况，则应置换肥土，同时还要注意土壤的排水问题等。

c. 绿篱在种植时，应根据苗木现有枝条的情况，仔细考虑其种植的位置，还要顾及到枝条伸展过长或与邻近的植株交叉等情况。

d. 绿篱种植时可以采用简单的竹竿或篱笆支撑苗木，以防止其出现倒伏。在回填土壤之后应该立即浇透水，并且要确保在压实土壤之前已用细绳把苗木绑扎于支撑物上。

e. 在遇到较难移植的植物时，可以使用容器苗。

(2) 绿篱的营造

① 绿篱的配植种类　绿篱在园林中应用时，一方面要考虑绿篱与周围环境之间的合理搭配问题，另一方面还要考虑到绿篱在整个园林景观中所起的作用，如此才能配置出更为合

理化的绿篱景观。就绿篱的配植技法上来讲，其配植种类一般有以下几种。

a. 突出外廓。园林中常利用绿篱来突出建筑物或水池的外轮廓线。园林中的有些建筑群或水池都具有丰富的外轮廓线，利用绿篱进行沿线配植，可以更加突出线条的美感，轮廓更加明显。

b. 透景效果。园林造景中可以利用绿墙构成透景效果，这也是园林景观营造时常用的一种造景方式。这种方式多用于由高大的乔木所构成的密林中，目的是利用绿篱开辟出一条透景线，以使得对景能相互透视。绿墙下面的空间又可以组成透景线，形成一种半通透的景观，既克服了绿墙下部枝叶空荡的残缺，又给人以一种"犹抱琵琶半遮面"的别致效果。

c. 背景衬托。园林绿化中可以将绿篱作为背景植物来衬托园中主景。例如配植一些整齐的绿篱在具有纪念性意义的雕塑旁，不仅衬托了雕塑，又可以给人一种庄严肃穆之感；或者在一棵古树旁植一排半圆形的绿篱，用于遮挡游人视野，从而使得古树的特点尤为突出。在选择背景衬托的绿篱时，常绿篱的应用较为广泛，例如用常绿篱作为雕塑、喷泉、花坛、花境及其他园林小品的背景，可以烘托出一种特定的气氛。

d. 构成夹景。绿篱是作为构成夹景的理想材料之一，在园林中，不难看到在一条较长的直线尽端常会布置一些比较别致的景物，构成了夹景。例如整齐、高大的绿墙被布置于两侧，有利于引导游人向远处眺望，欣赏远处美丽的景色。

e. 图案装饰。绿篱还可以作为一部分精致的装饰性图案，直接构成园林景观。在一些规则式的园林中，常常会选用规整式的绿篱构成一定的花纹图案，或者是用几种色彩不同的绿篱组成一定的色带，来突出园林景观的整体美。例如在欧洲规整式的花园中，常会把针叶植物整形修剪成整洁的图案（图2-17），而其鸟瞰效果犹如模纹花坛，远远地就让人领略到园艺师的精湛技艺。当然国内用绿篱作为主材造景的例子也不少，比如常用彩叶篱构成色彩鲜明的大色块或大色带等，更是别具一格。

图 2-17　作为装饰性图案的绿篱造型

② 绿篱的养护　绿篱的养护主要分为两种情况，即绿篱成形前的养护和绿篱成形后的养护。绿篱成形前的养护主要有以下几点。

a. 在绿篱种植后的第一年应及时剪去徒长枝，第二年及以后的修剪则只需保留新萌发枝条 1/3～2/3 的长度以及 2～3 个芽，其余要全部剪去，这样做是为了使得植株之间不留空隙，因为植物顶部的生长要比下部生长旺盛，所以顶部须重剪。

b. 翌年春季补植更换枯死的苗木时，要及时补充肥料。

c. 绿篱的修剪次数是每年两次，具体时间大约在 6 月和 8 月底。

d. 绿篱在定形前，注意及时修剪下部的枝条，以便保证将来能萌发一定数量的新枝条。

e. 植物的生长因类而异，一般来说，植物从幼苗长成标准的绿篱大约需要 3～4 年的时间。此时的修剪是为了确保绿篱时刻有着美丽整齐的外观，保证其独特的造型。

绿篱在成形后的养护主要有以下四个方面的内容。

a. 整形。整形主要对于规则式的绿篱而言，意在使绿篱的内外两侧、顶部及转角处保持平直。在进行绿篱的顶部修剪时，可以先在目标高度的位置拉线，在确保这条线水平之后，再根据这条水平线进行修剪，这样修剪之后的效果会比较理想。而在修剪绿篱的内外侧平面时，修剪的次序要搞清楚，一般是先修剪中部，然后是上部，最后才是下部。

b. 剪枝。绿篱成形之后的剪枝是指调整徒长枝、过密枝、弱枝和缠绕枝的生长，不管是对于自然式绿篱还是半规则式绿篱和藤蔓绿篱来说，这项工作都是必需的。

c. 施肥。在植株处于休眠期的时候就应该及时施用缓效化肥，目的是确保绿篱植物的正常生长。

d. 防病虫害。植物在生长期间，病虫害是难以避免的，尤其在绿篱成形之后，因此，防病虫害的措施还是要做到位，以便植株的良好生长，不致影响到绿篱的最终造型。

2.1.2 色块

色块（图 2-18）是指在园林中使用低矮灌木、草本花卉及一些低矮的木本花卉所组成的成片种植的园林绿地。作为园林植物配置形式的另一种布置，色块布置广为应用。随着当今社会的发展和人民生活水平的提高，色块布置已突破了过去传统的构图方式，使得现代园林景观更加的丰富多彩，更具时代气息。

2.1.2.1 色块的基本特点和分类

（1）色块的基本特点　色块运用现代设计的语言手段，将各种彩色的植物进行巧妙地组合，艺术、形象地处理成各种点、线、面的形式，体现出了极强的象征性和装饰性，突出展示了整体的色彩艺术感（图 2-19）。色块造型形式具有大方简洁、富有极强的节奏感和韵律美等多种特点，其单纯明快、飘逸流畅的特点更是表现了舒缓流畅的线形和丰富绚丽的色彩构图，给人一种极强的感染力，而且符合现代人的审美情趣。

图 2-18　色彩鲜艳的色块

图 2-19　多彩的色块组合

色块在设计时，应结合其多种特点及不同的空间环境和立意主题来选择色块的类型进行更为合理化的设计。

（2）色块的分类　色块的分类主要有两种形式，以空间原则来分，色块可以分为平面色块和立体色块两种；以组织形式来分，色块可以分为自由式色块、规则式色块和综合式色块三种。

2.1.2.2 色块的色彩应用和图案选择

色块最主要的艺术特征在于它缤纷夺目的色彩和绚丽动人的图案。色块的色彩和图案两者相辅相成，一方面，各种各样的色彩变化可以更加明显地突出色块图案形式的美感性；另一方面，优美而迷人的图案形式不仅具有鲜活的生命力和极高的审美价值，更是一种独特的艺术表现形式和特征，从侧面体现出色块色彩的线条性。

(1) 色块的色彩应用　色块的色彩种类比较多，红、橙、黄、绿、蓝、白、紫等均可使用。

色块在色彩应用方面主要有两种形式，一种是单一色彩的应用，另一种是色彩的搭配组合应用。在整个色块中，若是采用单一的色彩，则局部会体现出一种整齐划一的美。然而色块的单调并不意味着整个绿地系统色彩的单调，如果处理得当，可以使得整个绿地系统的色彩达到统一的效果。色彩的搭配组合在应用时，又可分为调和与对比两种形式的搭配。

在色块设计中，有关色彩的应用有一定的要求。在具体的设计中，设计者还应该注意色块与环境色之间达到多样统一的协调关系。冷色系、暖色系、同类色和对比色在色块设计中的应用各是不同，所达到的效果更有所差异。

① 冷色系　由于冷色的可见度低，因此在视觉上会给人一种远离的感觉。因此在园林景观设计中，对于一些较小空间的环境边缘，可以选择采用冷色或者倾向于冷色的植物，以便增加此类空间的深远感。由于冷色较暖色在面积上有收缩感，因此同等面积的色块，冷色面积比暖色面积在视觉上感觉要小。而在园林设计中，要想使得冷色与暖色获得同等面积的感觉，就必须使冷色面积略大于暖色的。

② 暖色系　暖色系中，以红、黄、橙三色及这三色的邻近色可见度高，色彩感觉也比较强，因此也是一般园林设计中比较常用的色彩。由于暖色容易给人一种热烈、活泼、欢快的感觉，因此在园林设计中多用于一些广场花坛及主要入口和门厅等环境，让人有种朝气蓬勃的欢快感。

③ 同类色　同类色是指色轮表中各色的邻近色，例如红色与橙色、橙色与黄色、黄色与绿色等。当然同类色也包括同一色相内深浅程度不同的色彩，例如深红与粉红、深绿与浅绿等。由于同类色的色彩组合在色相、明度、纯度上都比较接近，因此容易取得协调的效果，而在色块植物的组合中，此类搭配既能体现出层次感和空间感，又能给人一种柔和、宁静的高雅感。

④ 对比色　对比色的色彩在色相、明度等方面差别很大，因此对比效果强烈而醒目，例如红与绿、橙与蓝、黄与紫等。此类色彩在广场、游园、主要入口和重大的节日场面比较多见，例如利用对比色组成各种图案的花坛等，这样既能显示出强烈的视觉效果，又能给人一种欢快、热烈的气氛。

(2) 色块的图案选择　园林色块的图案形式各种各样，有方形、扇形、波浪形、带状、放射状、圆弧状和其他不规则形状等。在园林景观设计中，不同的环境条件，色块图案形式的选择也是不一样的。同时色块图案形式的选择也不是任意的，有一定的选择要求。

① 色块的设计时，首先要考虑到色块与环境的轮廓走向之间的协调性。例如在宽阔的街道两边绿地设计中，多采用波浪形和带状的图案，而在一个近似方形的绿地中，则可采用方形、扇形、圆弧形图案比较合适，也可采用不规则形状的图案。

② 色块图案的面积大小也应与环境相协调，不能一味地追求大色块的设计方法。色块面积过大会过于厚实，也会占用游人的活动空间；而色块面积太小又会显得空乏，色彩对比

效果不强烈。在设计时，色块面积的大小应与所涉及的道路、铺装场地和其他绿地的大小有一个合适的比例关系，这样才可以更好地相互协调。

③ 色块图案的主题也要与环境的主题相吻合，因为有些图案可能表达一定的主题和寓意，所以在设计时要搞清环境的主要形式以及其所表现的主题。

④ 在进行园林的色块设计时，应充分考虑植物自身的形态结构和生态习性，以便得到更好的景观效果。而在对植物进行人工修剪和艺术组合时，色块的图案造型不宜过于复杂，应该采用简洁、朴素的图案语言，进行简化和概括，尽量明了化。而群植时的整体造型应该是简略的，同时又富有意味。

⑤ 秩序是造型美产生的基础，因此只有具备一定秩序的状态和环境才容易被人感知到美感的所在。而在园林绿化中，当美的秩序被物化为具体的植物形象时，便是以一种美的图案形式而呈现出来。在色块的图案类型中，连续图案和适合图案都能体现出强烈的秩序美感。

⑥ 色块在布置后要进行平面化的处理，园林植物景观设计时，除了植物自身可以作为一种材料来设计成各种图案以外，其他的造园要素和造园方法也有贡献，可以适当地将它们结合起来共同构成优美的图案形式。

2.1.2.3 色块的配置

(1) 色块植物的选择 丰富的色块植物种类不仅对园林景观的多样性有很大的影响，而且对其达到设计意图有着非常重要的意义。因此，色块植物应从以往的色灌木发展到运用多种色块植物，例如彩色地被植物、草花和彩色乔木植物等。

色块植物在选择时，还可进行引种驯化，以选育景观效果好的色块植物种类，设计出更好的园林植物景观。

(2) 色块的配置形式 园林的色块在配置时，常会用到金叶女贞、红桎木等株丛紧密而且耐修剪的彩叶植物与其他绿色基础种植材料进行相互搭配，共同构成美丽的图案形式。绿地草坪或者地被植物则多被作为背景植物来衬托色块，使其更加的绚丽夺目。色块常有的形式有乔木色块和绿篱、模纹色块。

① 乔木的基础种植 此类色块布置图案一般比较简洁，主要以丛植为主，即在乔木的下面栽植耐阴的色灌木，通过乔、灌、草地有机搭配，使得植物景观在竖向上极富层次感。这类色块植物的种类不宜过多，并且与乔木间的过渡要自然，近乔木处的还应与乔木形态相仿。

② 绿篱、模纹色块 这类色块布置形式是用整形灌木代替坪、树池、花坛等，特别是在道路两边布置大片修剪整齐的各种灌木，常被修剪成圆锥状、球形或做成彩篱，用途非常广泛。

绿篱、模纹色块在布置时，可以根据植物材料各自的叶色和质感，组合成不同的色块和图案，其中镶嵌花卉和乔木，以达到多样化的效果。此类形式布置中，色块要进行连续造型，此时多采用直线、曲线和曲折线，并呈带状分布。单元造型则可采用乔、灌、草、花同类重复排列，或是不同种类交替反复排列，以获得生动活泼、整体布局富有节奏感和韵律美的造型。对于连续色块的骨骼和单元型，不要求太复杂，但整体形式应该显露出变化来。而在立面层次上，可以采用整形的球形树或其他几何造型来丰富立面上的变化。

(3) 色块的配置要求　色块在配置时，不能随意，许多因素须考虑其中，要根据条件来选择恰当的色块植物。

色块在种植设计时，要注重植物本身的生态习性。这主要体现在色块植物对光照条件的要求，例如金叶女贞等如果光照不足则会恢复为绿色，因此需要在充分光照条件下才能体现出其色彩美。

色块植物在栽植后要加强对其的养护管理工作，修剪工作一定要及时。经常进行人工修剪控制其形状和高度，以促进植物枝叶的生长紧密整齐，有较长时间的顶梢新叶，同时充分地发挥了色块的效果。

用花灌木和草花等组成的色块在园林中应用十分普遍，其设计应符合以下原则。

① 生态原则　园林植物景观设计时，色块在应用时既要考虑到植物材料的生态习性，以便熟悉它们的观赏性能，还要注意植物种类间的群体美及与周围环境的协调性，这样才能设计出具有生态化的园林景观。

② 造景原则　与其他植物景观设计一样，色块造景必须达到“景观与生态共生，美化与文化兼容”的要求。

③ 构图原则　色块设计时，应运用园林植物配置的美学原理，处理好调和与对比、统一与变化、韵律与节奏、均衡与稳定、主体与从属等方面的关系，致力于追求最佳植物景观效果。

2.2 园林植物立体造型

要创造丰富多彩的园林植物景观，植物种类就必须多样化，因此在合理选择园林植物这一方面要特别重视。合理的园林植物景观需要植物有千变万化的配置形式，因此在不同地区、不同场合、不同目的及要求的环境之下，可以形成多种多样的组合与种植方式。

在园林实践应用中，要大力提倡运用城市原有特色植物，对于新引入的外来植物也要极力推广。景观设计时，注意速生植物与慢生植物的结合、常绿植物与阔叶植物的结合等，并注重植物的多元化混合配置，努力营造出多样性的别致景观。

2.2.1 行道树

行道树是指在道路两旁成行栽植的高大乔木，如图 2-20 所示。行道树绿带种植应以高大乔木为主，还应乔木、灌木、地被植物相结合，以形成连续的绿带。用于行道树的常用树种有悬铃木（法桐、英桐）、小叶榕、杜英、香樟、银杏、大叶女贞、黄葛树、天竺桂、松类、柏类、杨树、三叶树、楠木、广玉兰、白玉兰、柳树、水杉、栾树等。

图 2-20　行道树

2.2.1.1 行道树的基本功能

作为道路功能的配套设施，行道树是十分必要的，它对于提高道路的服务质量，改善区域生态环境，消除噪声、净化空气、涵养水源、调节气候以及构成道路绿化景观都有着重要的影响与作用。

行道树绿带不仅连接着沿街绿地、各类公共绿地、专用绿地、居住绿地及郊区风景游览绿地等，而且组成了城市的绿地网，因此对改善城市景观、提高城市生活空间的质量起着不容忽视的作用。

在人行道较宽、行人不多或绿带有隔离防护设施的路段，可以种植灌木和地被植物作为行道树绿带，以减少土壤的裸露，而且能形成连续不断的绿化带，提高防护功能，也能加强绿化景观效果。

2.2.1.2 行道树树种选择的标准

（1）总体标准　总体而言，用作行道树的树种要求有以下几个标准。

① 应以乡土树种为主。

② 应当选择有观赏价值的树种。

③ 宜选用阔叶乔木。

④ 宜选用冠大荫浓、树形整齐、枝叶茂盛的树种。

⑤ 宜选用发芽早而落叶迟、花果不污染环境、干性强的树种。

⑥ 宜选用生长迅速、分枝点高、耐修剪、移栽成活率强、养护容易、对有害气体耐性强、病虫害少、能适应当地环境条件的树种。

⑦ 应选择根系深的树种，此类树种既可以抗风，根部又不会隆起于地面，从而不会影响地面的铺装平整。

（2）不同地区、道路的行道树选择标准及主要树种

① 北方地区　北方地区由于干旱少雨、气候干燥、冬季寒冷，因此要选择耐干旱、耐瘠薄、耐严寒的树种，并且要求所选的苗木主干高 2.5m 以上，最小胸径 8～10cm。

华北、西北及东北地区可用的树种主要有杨属、柳属、榆属、槐、臭椿、栾、白蜡属、复叶槭、元宝槭、油松、华山松、白皮松、红松、樟子松、云杉属、桦木属、落叶松属、刺槐、银杏、合欢等。

② 南方地区　相比北方地区，南方地区具有温度高、湿度大、雨量充沛的特点，树木的年生长量大，因此在选择树种时，要考虑到耐高温、喜湿润、耐瘠薄、抗病虫等特点，并且要求苗木主干高度在 3m 以上，胸径一般为 8～10cm。

华东、华中地区可以选择香樟、广玉兰、泡桐、枫杨、重阳木、悬铃木、无患子、枫香、乌桕、银杏、合欢、榔榆、榆、榉、女贞、刺槐、喜树、薄壳山核桃、柳属、南酸枣、枳、青桐、枇杷、楸树、鹅掌楸等。

华南地区则可考虑香樟、榕属、桉属、木棉、台湾相思、红花羊蹄甲、洋紫荆、凤凰木、木麻黄、大王椰子、蒲葵、椰子、木菠萝、扁桃、芒果、人面子、悬铃木、银桦、马尾松、蝴蝶果、白千层、石栗、盆架子、桃花心木、白兰、大花紫薇、幌罗伞、蓝花楹等乔木树种。

③ 城区道路　城区道路主要以形态优美、树冠广袤、绿荫如盖的落叶阔叶乔木为主，因此，可以结合城市的这些特色，优先选择市花、市树及骨干树种，例如广州、厦门首选木棉，北京首选国槐；也可结合城市景观的要求进行选择，例如昆明要求有四季常青、远近花香的环境，因此所选的道路树种要体现亚热带景观，宜采用云南樟、银桦、藏柏、柳杉等常

绿树种及悬铃木、银杏、滇楸、枳橘、滇杨等落叶树种较为合适。

④ 郊区及一般公路　由于郊区自身特点的限制，一般公路多选择生长快、耐瘠薄、抗污染、易管理、具有经济价值的树种，例如乌桕、油桐、竹类、女贞、棕榈、杜仲、白千层、枫香、箭杆杨、速生杨、枣树、水杉、榆、柳、柿子、槐、臭椿、刺槐等。

⑤ 城市主干道、快速干道、机场路、站前路。此类干道和道路主要要求绿化、净化、美化、香化，对行道树的规格、品种和品味要求较高，因此宜选用的树种主要以常绿阔叶树和彩叶、香花树种为主。用于行道树的树种主要有：悬铃木、国槐、银杏、栾树、柳树、雪松、香樟、榕树、广玉兰、桂花、马褂木、七叶树、枫树及水杉等。

2.2.1.3　行道树的种植要求

(1) 行道树绿带的种植宽度　行道树绿带的宽度是为了保证树木能有一定的营养面积，以满足树木的最低生长要求，在道路设计时应留出 1.5m 以上的种植带。由于土地面积受到限制，行道树绿带的立地条件是城市中最差的，故绿带宽度往往很窄，常在 1～1.5m。

(2) 行道树的定干高度和株行距　行道树在种植时，应充分考虑株距与定干高度。

行道树的定干高度应根据其功能要求、交通状况、道路性质和宽度、行道树距车行道距离、树木的分枝角度而定。在确定行道树的定干高度时，首先要考虑到车辆通行时的净空高度要求，尤其是大型公交车的停靠站附近，定干高度不得低于 3.5m。此外还要注意防止两侧行道树正道路上方的树冠相连，以免影响到汽车尾气的排放。

一般来说，行道树的株行距要根据树冠大小决定，并且以株与株之间或行与行之间互相不影响树木正常生长为原则。行道树的株行距一般有 4m、5m、6m、8m 等。在确定行道树的株行距时，注意以下几个要点。

① 苗木规格　在遇到所选苗木的规格较大情况时，可适当加大株距。但若是种植干径为 5cm 以上的树苗，株距则应定为 6～8m 为宜。

② 树木生长速度　行道树在选择时，要考虑速生树种与慢生树种相结合，即在生长时间比较久的行道树旁边种植小规格的苗木，目的是为了形成新老代替。

③ 环境要求　由于行道树所处的环境比较差，因此在树种选择上一定要考虑其能起到降温、滞尘、制氧、减噪、杀菌、防风等作用。

2.2.1.4　行道树的配置方式和种植类型

(1) 行道树的配置方式　行道树的配置方式主要有自然式和规则式，其各自特点和应用如下。

① 自然式　在弯曲的道路旁边常常设置有自然式的园林行道树。由于蜿蜒曲折的园路，行道树不宜成排成行，因此以自然式配植为宜。沿路的植物景观在视觉上应该有挡有敞，有疏有密，有高有低（图 2-21），如此才可以起到行道树的作用。在具有微地形变化的路旁和本身高低起伏的园路，最宜进行自然式配植行道树。

② 规则式　规则式的行道树种植一般排列整齐，最适宜于相对比较笔直、规则整齐的道路，如图 2-22 所示。路旁行道树若是由高大乔木所配置而成，则不仅遮阴效果好，还会使人有雄伟壮观之感，此类行道树还可增加景观和季相的变化，给人一种明快的节奏感和优美的韵律感。规则式配植常常应用于公园及风景区入口处，起到强调气氛的作用。平坦笔直的公园主路两旁也常用规则式配植行道树，既能遮阴，又能美化道路风景。

(2) 行道树的种植类型

图 2-21　自然式行道树

图 2-22　规则式行道树

① 树池式　行道树上方常常会与各种架空电线发生矛盾，地下又有各种电缆、上下水、煤气、热力管道，正可谓天罗地网。加之栽植区土质差，人流践踏频繁，根系不深，很容易造成风倒。对于上述情况，可以在交通量较大、行人多而人行道又窄的路段，设计正方形、长方形或圆形的空地，种植花草树木，形成池式行道树（图 2-23），以便养护管理及减少践踏。

对于树池的平面尺寸要求是：最低限度为 1.2m 的正方形，正方形以边长 1.5m 较合适，长方形长、宽分别以 2m、1.5m 为宜，圆形树池以直径不小于 1.5m 为宜。树池立面高度根据具体情况而定，由此可以将树池分为平树池与高树池两种。树池中，行道树的栽植点位于几何形的中心，池边缘高出人行道 8～10cm，主要为了避免行人践踏。如果树池略低于路面，应设置与路面同高的池墙，这样既可增加人行道的宽度，又可避免行人践踏，同时还可使雨水渗入池内，起到很好的作用。树池池墙的设计形式应当以简单大方为主，材料可选用铸铁或钢筋混凝土。

② 树带式　对于交通、人流不大的路段，可以在人行道和车行道之间，留出一条不加铺装的种植带（一般不小于 1.5m 宽），种植由乔木搭配灌木及草本植物所形成的狭长的不间断的混合绿化带（图 2-24）。树带式行道树的栽植形式可分为规则式、自然式与混合式，具体选择的方式要根据交通的要求和道路的具体情况而定。

图 2-23　树池式行道树

图 2-24　树带式行道树

③ 应用要求　当人行道的宽度在2.5～3.5m之间时，因为首先要考虑行人的步行要求，因此原则上不宜设置连续的长条状绿带，而应以树池式种植方式为主。但当人行道的宽度在3.5～5m时，可以设置带状的绿带，还可起到分隔护栏的作用。树带式行道树在设置时，每隔15m左右，应留出以硬质地面铺装的过道，以供行人出入人行道以及公交车停靠站。

2.2.1.5　行道树的应用形式

目前，我国在行道树的应用，大都采用在道路的两侧以整齐的行列式进行种植的方式。此类配置一般采用规则式，其中又可分为对称式及非对称式。当道路两侧条件相同时首选对称式（有双行式、双排式和多排式），当然也可用非对称式（有单行式、单排式、单边多排式等）。就北半球地区而言，如果道路较窄，只有一侧种植时，而且是东西向道路，树应配置在路的南侧；但如果是南北向的道路，则可在道路两侧进行交叉种植。行道树的种植有时候也因地制宜，会采用自然式的方法自由配置。

行道树的配置应用场所主要是人行道绿化带、分车带绿化带、滨河路绿化带、游园林荫道及城乡道路两侧等，其各自的应用如下。

（1）单边单排行道树　单边单排行道树（非对称式），通常应用于人流量较大，空间较小的街区，或者采用在建筑物一侧道路旁、滨河路的一侧、公园次路与小路等道路旁。在树种选择时，注意一个街区最好选择同一树种，以便保持树形、色彩等的一致性。对于公园的次路和小路，由于路窄的原因，可以只需在路的一旁种植乔、灌木，也可达到既遮阴又赏花的效果。

（2）单边双排行道树　单边双排行道树种植是指在比较开阔的道路一侧人行道旁同时种植两行（两排）行道树。由于采用单排行道树绿化遮阴效果差，因此选择交错种植两行乔木。此类行道树主要应用于人行道宽度为5～6m，人流量较大的道路旁。为了丰富道路景观，可以布置两个树种，但要求冠形相协调。

（3）双边双排行道树　双边双排行道树种植是指在比较窄的道路或河道两侧各种一行（排）行道树。这种形式常常应用于交通次要道路、单位内部道路、居民小区道路等。

（4）双边多排行道树　双边多排行道树种植是指在比较宽阔的道路两侧各种2～3行行道树，两边加起来共种4～6行行道树。双边多排行道树常应用于交通主干道路、迎宾景观大道、快速通道、高速公路以及城区某些隔离区道路；对于城郊防护林道路、江河护岸林则选用单边多排行道树方式种植。

（5）分车道绿化带内间植行道树　当人行道的宽度为5～6m且人流量不大时，可在人行道与车道之间设置分车道绿化带，种植部分行道树，可以起到遮阳庇荫和分流车辆的作用。分车道绿化带一般在2m以上，每隔一定距离间植4～5棵行道树，并且可在空地种植小花灌木和草坪，周围则种植绿篱，形成乔灌草结合的绿化方式，这样不仅有利于植物的生长，而且极大地改善了行道树的生长环境。

（6）游园林荫道　在各种公园或居住庭院中，经常会种植行道树来作为游园的林荫道。一些居民居住区街道或滨河路，常常会有宽为8m以上的人行道，可以将这里布置成弯曲交错的林荫路形式。此外，还可在林荫路中设置小广场，修建凉亭、座椅、儿童游戏设施等供行人休息和娱乐，可以起到小游园的作用。

（7）行道树与小花坛　当人行道较宽，人流量不大时，可以结合建筑物的特点，除了在人行道上栽植一排行道树外，因地制宜地在人行道中间设计出方形、圆形或多边形的各种花

图 2-25　庭荫树

坛。花坛内可采用小乔木、灌木、花卉及草坪进行配置，形成强烈的层次感，当然也可用花灌木或花卉片植成图案。在设计配置时，则要考虑绿化效果和是否方便行人通过等要点。

2.2.2　庭荫树

庭荫树又称庇荫树或绿荫树，是指树冠高大、枝条浓密、在园林居住区或其他风景区中起庇荫和装点空间作用的乔木，如图 2-25 所示。早期的庭荫树多在庭院中以孤植或对植的形式出现，用以遮蔽烈日，创造凉爽、舒适的环境。而后已经发展到栽植于园林绿地以及风景名胜区等远离庭院的地方，起到既能遮阴又能绿化周围环境的双重作用。

2.2.2.1　庭荫树的基本作用

顾名思义，庭荫树的主要作用就是遮阴。庭荫树凭借其形成的绿荫可以降低气温，供游人纳凉，以避免烈日的暴晒，还可招致缕缕的爽风以挡酷暑；并能为人们提供良好的休息和娱乐环境。同时，由于庭荫树所选的植物树干苍劲、荫浓冠茂，可形成美丽的景观，因而也具有一定的装饰作用。攀缓类藤木树种作为庭荫栽植时，既能提高氯化质量，又能增强园林效果、美化特殊空间，可以创造出独特的生态环境效益和观赏效能。

2.2.2.2　庭荫树的树种选择

(1) 庭荫树的选择标准　庭荫树种的选择标准与其功能目的息息相关，主要选择枝繁叶茂、绿荫如盖的落叶树种，其中又以阔叶树种的应用为佳，例如树干通直、高耸雄伟的梧桐，其树皮青绿光滑，树姿高雅出众，是我国传统的优良庭荫树种，若是能兼备观叶、赏花或品果等功能则更为理想。此外，一些枝叶疏朗的常绿树种，也可作为庭荫树应用。这类树种在作为庭荫树时，在具体配植时不仅要考虑树冠大小、树体高矮对冬季太阳入射光线的影响程度，还要注意其与建筑物南窗等主要采光部位的距离，距离不能太近。

庭荫树树种选择的一般要求如下。

① 生长健壮，树冠高大，枝叶茂密，枝梢向四面扩展，而下枝较少的树种。

② 荫质良好，冠幅大，密生，冬季落叶的树种。

③ 花香、果美、无不良气味，无毒的树种。

④ 树干通直，树冠整齐，无针刺的树种。

⑤ 隐芽力强，耐修剪，病虫害少，根蘖较少的树种。

⑥ 根部耐践踏或耐地面铺装所引起的通气不良条件的树种。

⑦ 生长较快，适应性强，寿命较长、方便管理的树种。

⑧ 落花和果实不会污染地面，易于打扫的树种。

⑨ 树形或花果有较高的观赏价值等树种。

具有以上条件的乔木大多为乡土树种。

除了以上提到的梧桐之外，庭荫树的树种还有很多。

① 树干通直、枝叶茂密、冠大荫浓、嫩叶红艳的香椿，既显得俏丽可人，幼芽、嫩叶又可食用。香椿在中性、酸性及钙质土壤中均能生长良好，而且生长较快，对有毒气体抗性亦较强，是传统的庭荫树种。庭荫树种在选用时，若能见杯观液、赏花或品果效能兼备则更为理想。

② 主干通直、冠似华盖的榉树，其叶夏绿荫浓，入秋则转红褐，既耐烟尘，又有抗有毒气体并能净化空气、抗风力强的功能，是理想的庭荫树种选择。

③ 高大端直的著名观花庭荫树种白玉兰，其花朵先叶开放，洁白素丽，尤其在盛花时节，犹如雪涛云海，气势甚是壮观。白玉兰还对二氧化硫、氯气和氯化氢等有害气体有一定的吸收能力，其寿命可达千年以上，是古往今来名园大宅中的珍贵佳品。其品种中，更有大而芳香的现代杂交品种二乔玉兰，而且花是复色花，色泽鲜红的红运玉兰，馥郁清香；色泽金黄的飞黄玉兰，惹人喜爱；花若元宝之状的红元宝玉兰，其花期延至夏开，均为玉兰属中的新贵。

④ 叶形雅致、枝条婀娜的合欢，不仅树冠开张，成荫性好，还有伞房状或头状的花序，粉红色的花细长如绒缨，极其秀美。尤其在盛夏时节，合欢树覆荫如盖，红花锦簇，秀雅别致，亦是优良的观花类庭荫树种之一。

⑤ 萌芽力强、根系发达的柿树，不仅枝繁叶茂，广展如伞，而且夏能庇荫，秋可观色。秋起叶红，丹实如火，给人一种赏心悦目的感觉，又能饱以口福。柿树对土壤要求不严，因此寿命较长，是观果类庭荫树栽培的不错选择。

⑥ 整齐美观、叶大枝疏的枇杷，叶不仅常绿有光泽，还可入药，其花可作为蜜源，果实美味而可口。枇杷树木夏日金果满枝，冬日白花盛开，历来是常绿类庭荫树中的传统佳选。

⑦ 羽叶清亮的榧树是我国特有属种，果味甘美香甜。

⑧ 树冠广圆、枝条开展的竹柏，不仅叶秀而富有光泽，而且姿形优美。竹柏属中有叶面具白斑的薄雪竹柏以及叶面具黄色条纹的黄纹竹柏等变种，尤为珍贵。

用作庭荫树的常用树种有桂花、银杏、小叶榕、红枫、青枫、紫薇、红叶李、天竺桂、海棠、含笑、刺桐、朴树、皂荚等。

（2）不同地区庭荫树的选择　不同地区由于气候、温度、环境的差异，庭荫树的树种选择也各不相同。例如我国热带和亚热带地区多选常绿树种作为庭荫树，寒冷地区则以选用落叶树为主。东北、华北、西北地区主要选择毛白杨、加拿大杨、青杨、紫花泡桐、榆树、槐、旱柳、白蜡、刺槐等；华中、华东地区主要选择悬铃木、喜树、泡桐、榉、榔榆、枫杨、梧桐、银杏、垂柳、三角枫、枫香、无患子、桂花等；华南、西南地区和我国台湾地区主要选择樟树、桉树、金合欢、木麻黄、红豆树、楝树、榕树、橄榄、榅树、凤凰木、木棉、蒲葵等。

在北方温带地区的庭院中，常绿庭荫树不可多用，而且距离建筑物的窗前也不宜过近，以免影响到室内的自然采光。

2.2.2.3　庭荫树的配植

（1）配植要求

① 高大雄伟的建筑物区域，宜选高大树种；矮小精致的则宜选小巧树种。

② 所选树木也应与建筑物的色彩浓淡相配。

③ 庭荫树不宜距离建筑过近，否则会影响到建筑物的基础采光。

④ 庭荫树的具体种植位置，应该考虑到树冠的阴影在四季和一日中的移动对四周建筑物的影响。

⑤ 庭荫树在选择种植点时，一般以夏季午后树荫能投在建筑物的向阳面为标准。

⑥部分叶朗枝疏、树影婆娑的常绿树种，也可用作庭荫树，但在具体配置时要注意其与建筑物主要采光部位的距离，并且考虑树冠大小、树体高矮程度等，以免顾此失彼，弄巧成拙。

(2) 配植方式　庭荫树既可孤植、对植，又可 3～5 株丛植于园林、庭院，其配植的方式根据面积大小、建筑物的高度、色彩等而定。

(3) 配植场所　庭荫树在园林中多植于道路旁、河湖池边（图 2-26)、廊亭前后或与山石建筑相配，或者是在局部景区三五成丛地栽植，形成自然有趣的别样布置；亦可在规整的有轴线布局的地方进行规则式配植（图 2-27)。

图 2-26　湖边庭荫树

图 2-27　规则布置的庭荫树

2.2.3　孤植树

孤植树又称独赏树或独植树，是指园林中常用的一株或两株栽植独立成景观供观赏用的树木。孤植树一般要求要树体雄伟高大、树形美观或具有独特的风姿，抑或具有特殊的观赏价值，且寿命较长。例如雪松、南洋杉、凤凰木、银杏、樱花、白玉兰等均是很好的独赏树材料。孤植树不仅能在较小空间充分发挥单株花木的树势、线条、形体、色、香、姿等特点，在较大空间中运用时还可起到“画龙点睛”的效果。

2.2.3.1　孤植树的功能

孤植树在园林绿地中多以主景树、遮阴树、目标树的形式出现，主要表现单株树的形体美，兼有色彩美，还可以独立成为景物供观赏用。在园林风景构图中，孤植树也可作配景应用。例如作山石、建筑的配景，此类孤植树在配置时应注意其姿态、色彩要与所陪衬的主景既能形成鲜明的对比，又能形成统一协调性。

2.2.3.2 孤植树的类别

（1）观形树种（图 2-28） 园林造景的基础之一树形——通过精心配置不同树形的树木，可以丰富的层次感和韵律感，最终构成美丽、协调的画面。例如给人以庄严肃穆感觉的雪松、龙柏、水杉等尖塔形、圆锥形的树；具有高耸挺拔效果的新疆杨等柱状窄冠树；有优雅婀娜风韵的龙爪槐等垂枝类树等。人们选择具有不同树形的树木主要是依据群体构图需要以及与周围建筑物等环境协调的原则等两方面原因。除自然树形外，通过修剪获得特殊树形，如耐修剪的黄杨、冬青、女贞、桧柏等常能够修剪成人们喜爱的各种形状。

（2）观叶树种（图 2-29） 由树木的叶色烘托出来的色调是园林中最基本、最常见的色调。四季常青的常绿树，绿色给冬季的大地赋以生机；落叶树向人们报告大地在苏醒的方式，就是在早春吐展淡绿或黄绿的嫩芽；秋天色叶树种能让人产生恍惚置身于春季的感觉。树木叶色的四季变化，告诉人们时光的悄悄流逝，如柿、樱花、漆树、花楸、卫矛、山楂、黄连木、地锦、元宝枫等在深秋叶色变红或紫色的树种。银杏、鹅掌楸、白桦、水杉、楸树、复叶槭、核桃等树木的叶色在秋天会变黄或黄褐色。配置成大的色块图案，是自 20 世纪 80 年代以来，国内外园林种植绿地设计中色叶树种在群植时流行手法。

图 2-28 观形树种

图 2-29 观叶树种

在园林中能起到很好的点缀作用的如紫叶李、紫叶小檗、洒金柏、金心黄杨等树种的叶片在整个生长期均有绚丽的色彩。根据人们的喜爱和园林构景的需要，可选择叶片的大小、形状、萌芽期和展叶期也不尽相同的不同树种。

（3）观花树种（图 2-30） 不同树木的花具有不同的形状、颜色以及芳香。比如花形大在较远距离观赏价值高的玉兰、厚朴、山茶等；虽然花小，但却构成庞大的花序，观赏效果也很好的栾树、合欢、紫薇、绣球等。观赏效果可以通过不同花色的合理搭配而显著提高，红色花系、黄色花系、紫色花系、白色花系是观花树四大类别。除考虑上述因素外，选择观花树种时，比如为达到四季有花开的效果，开花时间是必须要考虑的因素之一。还应考虑花粉的污染环境，这是由于有些树种生产过多的缘故，特别是在人群密集、宾馆、疗养院等地更应注意这方面因素。

（4）观果树种（图 2-31） 不同的园林树木，其果实的价值有所差异，有食用价值的，有观赏价值的，还有的树种果实兼具多种价值。如火棘、山楂、石楠、荚蒾、四照花等果色鲜艳；栾树淡黄色的果实犹如一串串彩色小灯笼挂在树梢；金银木、冬青、南天竹红透晶莹的果实可一直挂树留存到白雪皑皑的时节。

图 2-30 观花树种

图 2-31 观果树种

(5) 观枝树种（图 2-32） 有些具有特殊颜色的干、枝外皮的树种，也能产生一定的观赏作用。如青白色且带有斑纹的树皮的白皮松，梧桐的干皮在秋季落叶后变成更为醒目绿色。竹、白桦、毛白杨、悬铃木、红瑞木、榔榆、豺皮樟等也属于枝干具有特殊皮色的树种。

2.2.3.3 孤植树的树种选择

孤植树可以是常绿树，也可以是落叶树，一般要求高大雄伟、树形优美、色彩鲜明、具有特色、寿命较长，或者花果观赏效果显著。孤植树的周围如果配置其他树木，则应该保持合适的观赏距离。例如在珍贵的古树名木周围，不可以栽植其他乔木和灌木，以保持其独特的风姿。对用于庇荫的孤植树木，一般特别要求树冠宽大、枝叶浓密、叶片大、病虫害少，以圆球形、伞形树冠较好，如图 2-33 所示。

图 2-32 观枝树种

图 2-33 孤植树——雪松

作为孤植树的常用树种主要有雪松、南洋杉、油松、冷杉、云杉、金钱松、合欢、凤凰木、棕榈、龙爪槐、悬铃木、香樟、榕树、广玉兰、玉兰、梅花、海棠；叶色树种如红枫、紫叶李、桂香柳、鸡爪槭、垂柳、梧桐、银桦、绒柏、蓝桉、凤凰木、栾树、樱花、枫香、平基槭、元宝枫、栎类、乌桕、银杏、马褂木、无患子等。

充当孤植树，至少应具备下列条件之一。

① 树形高大，树冠开展，枝叶繁茂，如国槐、悬铃木、小叶榕、黄葛树、橡皮树、雪松、白皮松、银杏、油松、合欢、垂柳等，给人以雄伟浑厚的艺术感。

② 开花繁茂，花色艳丽，如玉兰、梅花、樱花、广玉兰、凤凰木等，给人以华丽浓艳、绚烂缤纷的艺术感。

③ 姿态优美，寿命长，如雪松、金钱松、罗汉松、南洋杉、苏铁、蒲葵、海枣等，给人以龙蛇起舞，顾盼神飞的艺术感。

④ 叶色鲜艳的彩叶树木，如乌桕、枫香、火炬树、槭树、黄栌、紫叶李、银杏、白蜡等，给人以霜叶照眼，秋光明净的艺术感受，更能增添秋天景色的美感。

⑤ 硕果累累，如苹果、柿子、木瓜等，给人以喜庆丰收的艺术感受。

⑥ 芳香馥郁，如桂花、白兰花、栀子等，给人以暗香浮动、沁人心脾的美感。

此外，在不同场所、所要达到的效果不同的孤植树在树种的选择上也有所要求。

① 作为丰富天际线及水滨的孤植树，必须选用体形巨大、轮廓丰富、色彩与蓝色的天空和绿色的水面具有对比性的树种。例如香樟、榕树、枫香、鸡爪槭、乌桕、油松、白皮松、桧柏、凤凰木、木棉、银杏等最为适宜。

② 在林中草地、草坪、较小水面的水滨，孤植树体形必须小巧玲珑，可以应用具有均匀体形轮廓、艳丽色彩或特别优美的线条等特点的树种，例如日本五针松、日本赤松；红叶树如鸡爪槭及其各种品种、紫花槭、紫叶李等。用作孤植的花木可以选用玉兰、樱花、碧桃、紫薇、梅花等。

③ 孤植树是暴露的植物，因此那些需要空气湿度很高、强阴性的树木，或需要小气候温暖的树木，就不适于选为孤植树。例如在华北地区的北京，落叶松、红松等阴性树种，由于要在空气湿度较大的有适度庇荫的森林环境中才能生长，因此如果选为孤植树则会生长不良，甚至不能成活。而一些暖温带树种如玉兰、梅花、鸡爪槭、梧桐等，在北方地区就已是分布区的边缘树种，需要在温暖的小气候之下才能生长，因而也不宜选为孤植树应用。

④ 为能尽快达到孤植树的景观效果，最好选胸径 8cm 以上的大树，若能利用原有古树名木则更好。在仅有小树可用的情况下，可以选择速生快长树，并同时设计出两套孤植树，例如近期选择巨桉、天竺桂为孤植树时，可以同时安排白皮松、小叶榕等为远期孤植树介入适合位置。

⑤ 在结合生产方面，选择果实、花具有经济价值的树木比较适宜。例如，果实具有经济价值的植物种类不少，在华南有芒果、椰子、油棕、荔枝等树种，在华中有银杏、柿、梨、板栗、乌桕、苦槠、七叶树、薄壳山核桃等树种，在华北有银杏、柿、梨、胡桃、海棠等树种，均甚相宜。而花具有经济价值的芳香植物种类亦很多，如华南的白兰、黄兰，华中的桂花，还可略有收入。但在实际的配置中，以树皮、木材为主的经济植物不宜结合，而且孤植树位置显著，对果实的管理困难较多，选择时要慎重。

2.2.3.4 孤植树的设计要求

孤植树是园林种植构图中的主景，因而四周要空旷，才可使树木能够向四周伸展，同时要在孤植树的四周安排最适宜的鉴赏视距。根据风景透视原理，最适视距在树高的 4～10 倍左右，因此至少在树高的 4 倍的水平距离内，不要有别的景物阻挡视线，应该空出来。

孤植树作为园林构图的一部分，必须与周围的环境和景物相互协调。孤植树要求统一于整个园林构图中，以与周围景物互为配景。孤植树如果种植在开敞宽广的草坪、高地、山冈或水边，则所选的树木必须特别巨大，这样才能与广阔的天空、水面、草坪有所差异，才能更加突出孤植树的姿态、体形、色彩。但种植在小型林中的草坪、较小水面的水滨以及小的院落之中的孤植树，则必须是小巧玲珑的，而且是具有特别优美的体形、轮廓和线条，和特别艳丽色彩的树种。如果遇到绿地中已有几十年、上百年的大树，可在设计构图上服从这棵大树，以其为主，因地制宜，巧于因借。

孤植树在绿地中的比例虽小，但作用很大。其栽植地点应比较开阔，以便保证树冠的端整，而且有足够的生长空间以及最佳观赏视距和观赏位置。孤植树的具体位置取决于它的功能要求和它与周围环境布局上是否达到统一。在构图设计时，为了突出孤植树在形体、姿态、色彩等方面的特色，必须做到从主要观赏位置向孤植树望去，有天空、水面、草地等色彩单纯，又有丰富变化的景物环境作背景衬托。

对孤植树的设计要特别注意做到“孤树不孤”，即孤植树不是意在单独栽一棵树那样简单，而是要有开阔的空间，以蓝天、碧水或山体为背景，以草坪或花卉为地被，以其他树木作为陪衬等，共同组合成一个单独而不孤独的整体，如图 2-34 所示。

图 2-34　孤植不孤

在进行设计时，首先必须利用当地原有的成年大树作为孤植树，这是最好的因地制宜的设计方法，可以提早数十年实现园林的艺术效果。如果发现绿地中已有上百年或数十年的大树，则在设计时必须使整个公园的构图与这种有利的自然条件相结合起来，以使其成为园林布局中的孤植树。若是没有古老大树可以利用，可以利用原有的中年（已生长 10～20 年）树木，这样也比周围的新栽树木快长得多。但如果绿地中没有任何树木可利用时，或是园林布局实在没有办法迁就原有大树，这时候可以考虑是否需要用大树移植的办法。

孤植树在设计时，在同一草坪或同一园林局部中，常常设计双套孤植树苗木，即一套近期的，一套远期的。对于远期的孤植树，在近期可以是 3 ～5 年成丛的树木，而把近期作为灌木丛或小乔木树丛来处理。这样一来，随着时间的演变，可以保留生长势强的、体形合适的，生长势弱的、体形不合适的则做移出处理。

2.2.3.5　孤植树的种植场所

由于孤植树主要显示的是其个体美，而且常作为园林空间的主景，因此常植于大草坪上、广场中心、花坛中心、道路交叉口或坡路转角处，有时也可植于小庭院的一角与山石相互成景之处。而作为自然式绿地的焦点树或诱导树，可以种植于林带边缘、道路的转折处，还可配置在办公楼、小型绿地及绿地前区广场中。

孤植树种植的位置应有开阔的空间，首选以草坪为基底、以天空为背景的地段。

(1) 开朗的大草坪或林中空地构图的重心上　孤植树的四周要空旷，适宜的观赏视距大于等于 4 倍的树木高度。在开朗的空间布置孤植树，可以将 2 株或 3 株树紧密地种植在一起，仿若具有丛生树干的一株树，既能增强树的雄伟感，又能满足风景构图的需要。

孤植树是绿地的构图中心，然而在大草坪上布置孤植树时，一般不宜种植在草坪的几何中心上，而选择安置在构图的自然中心上，这样可以使其和草地周围的景物取得均衡与呼应的效果。

（2）开朗水边或可眺望远景的山顶、山坡　前面已经提到，孤植树若以水和天空为背景，形象则更加清晰和突出。例如桂林水畔的大榕树和黄山的迎客松等。

（3）桥头、自然园路或河溪转弯处。在桥头、自然园或河溪的转弯处，可用孤植树作为自然式园林的引导树，以引导游人进入另一景区。尤其是在深暗的密林背景下，若是配以色彩鲜艳的花木或红叶树，则会显得周围景象格外醒目。

（4）园林绿地重要位置。一些园林绿地重要位置，如建筑物的正门、广场的中央、轴线的交点等地点，可以栽种树形整齐、轮廓端正、四季常青、生长缓慢的孤植观赏树木，起到标志、点缀和观赏的作用。

2.2.3.6　孤植树在园林中的应用

孤植树在园林中的应用主要有两个方面，一是作为园林中独立的庇荫树，也可供观赏；二是单纯为了构图艺术上的需要，主要显示出树木的个体美，并且作为园林空间的主景。

作为庇荫的孤植树，在选择树种的时候，首先应该有巨大开展的树冠，而且生长要快速，体形要雄伟，这样庇荫效果才良好。古语有云：大树底下好乘凉，因此必须符合这个要求。对于一些体形呈尖塔形或圆柱形、树冠不开展或自然干基部分枝的树木，如钻天杨、龙柏、南洋杉、云杉、塔柏等，以及各种灌木，均不宜选作庇荫孤植树。此外，一些树姿松散、树荫稀疏的树木，如柠檬桉、紫薇、枣树等，也不宜用作庇荫孤植树。还有一些分蘖太多的洋槐和有毒植物也不适宜。

单纯为了构图艺术上需要的孤植树，并不意味着只能有一株树，在设计时，可以是一株树的孤立栽植，亦可以是2～3株组成一个单元，但前提必须是同一个树种，而且株行距不超过1～1.5m，远远望去，犹如一株树木的效果。

2.2.4　绿化果树

伴随着国民经济的持续发展和人民生活水平的不断提高，人们对生态环境建设的要求也越来越高，一个城市的绿化和美化也不再是单纯栽花、植树、种草，而是努力营造具有“别样风味”和“独具佳境”的特色城市景观。

而绿化果树正式因其可观果的特征，在园林应用中有别于其他绿化树种。

2.2.4.1　绿化果树的价值

（1）观赏价值　人们观赏植物不仅仅是观叶，还要赏花看果。绿化果树正是满足了城市绿化进一步发展的需要，以其自身所特有的既可观叶又可赏花，还可观果的三重特性，形成了优美动人、鸟语花香、风景如画的自然环境。

作为观赏应用的绿化果树，其果实形状有三个主要特点：奇、巨、丰。“奇”是指绿化果实的形状奇异而有趣，有形似铜币的铜钱树果实，有犹如象耳般的象耳豆荚果，有好比香肠的腊肠树果实，有仿如秤锤一样的秤锤树果实，有宛若晶莹剔透紫色小珍珠的紫珠果实，还有的像气球、像元宝、像串铃等。“巨”是指绿化果实的单体果形较大，像石榴、柚、佛手、木瓜、代代等。“丰”是指绿化果树结果丰硕，而且果实群体数量多，像金银木、火棘、山楂等。

绿化果树的果实有着丰富多彩的颜色，有耀眼夺目的火红色（图 2-35），闪闪发光的金黄色（图 2-36）、耐人寻味的蓝紫色（图 2-37）、深邃发亮的黑色（图 2-38）、晶莹如雪的白色（图 2-39）等。果实的颜色，还有着更大的观赏价值。古有苏轼的“一年好景君须记，正是橙黄橘绿时”，更有陆游的“丹实累累照路隅”，这些均是赞美果实景色的千古佳句。

图 2-35 红色的火棘果实

图 2-36 金黄的佛手果

图 2-37 紫色的桂花果

图 2-38 黑色的金银花果

结有红色果实的树种有桃叶珊瑚、水栒子、小檗类、平枝栒子、山楂、冬青、枸骨、枸杞、火棘、花楸、郁李、欧李、麦李、樱桃、毛樱桃、金银木、南天竹、珊瑚树、紫金牛、橘、柿、荚蒾、垂枝毛樱桃、石榴、杨梅、厚朴、扁核木等。结有黄色果实的树种有银杏、木瓜、瓶兰花、梨、贴梗海棠、柚子、杏、金橘、佛手、香圆、枸橘、南蛇藤、枇杷、甜橙、沙棘、阳桃、鞑靼忍冬、金果垂丝海棠等。结有蓝紫色果实的树种有紫珠、蛇葡萄、葡萄、豪猪刺、李、欧洲李、黑宝石李、桂花、白檀、毛梾、阔叶十大功劳等。结有黑果实的树种有女贞、小叶女贞、枇杷叶荚蒾、君迁子、刺楸、五加、鼠李、黑果栒子、黑锅绣球、黑果忍冬、常春藤、金银花、地锦等。结有白色果实的树种有红瑞木、芫花、西康花楸、雪果、湖北花楸、陕甘花楸等。

有些绿化果树树种，不仅结有色彩鲜艳的果实，而且还有芬芳悦目的花朵，像火棘、枸杞、金银木、铺地蜈蚣等。因此，此类果树既能达到观果的效果，又能体现观花的作用，形成两度季节的观赏效果，这对园林的绿化与美化有着重大的意义。

(2) 生态价值　绿化果树不仅有着很高的观赏价值，还有着很好的生态价值。绿化果树叶大质厚，绒毛和气孔较多，不仅能有效地降低城市的废气等污染，还能分泌较强的抗生素，可以杀掉空气中的细菌。将绿化果树栽进市区，不仅能达到既赏花又观果，还能招蜂引鸟的效果，还可由此形成自然生物链，既丰富了城市中的生物多样性，又有利于城市生态环境的平衡。部分树种还具有独特的内在品质特性，如耐干旱、耐瘠薄、抗风沙、抗盐碱、耐严寒等。

图 2-39　晶莹的雪果

绿化果树枝冠茂密，其强大的减低风速的作用，可以有效地使气流中携带的大粒灰尘下落到地面。部分绿化果树叶子因表面粗糙不平且多绒毛，可以分泌黏性油脂或汁液，因此可以利用它吸滞粉尘和烟灰，同时也可吸收空气中的有害气体，起到净化空气的作用。在绿化果树的种类中，银杏具有很大的净化臭氧作用；樱桃具有吸尘、抗烟尘的作用；柑橘具有充分吸收二氧化硫的作用；石榴就有较强的吸附能力，尤其对二氧化硫及铅蒸气；核桃树挥发的气味具有杀虫、杀菌的作用；无花果具有净化空气、防止噪声的作用。

(3) 美化价值　绿化果树与人们的生活紧密相连，在居住区内种植绿化果树，与原有的建筑景观互相衬托；既可以保护水土、调节温湿，又可造成良好的小气候。春季满树繁花，沁人心脾；夏季绿荫浓浓，遮阳庇荫；秋季硕果累累，色彩夺目，自然资源的清净本色在城市花园中表现得淋漓尽致。不仅如此，生活在这种花果飘香的自然环境里，不论是工作还是学习，都能使人的心情舒畅、精神振奋，对人的身心健康大有裨益。

(4) 经济价值　绿化果树中，有一些经济型果木，这种果木不仅可供观赏，通常还具有食用、饮用、药用的实用价值。此类果木在国内外都有许多成功范例，比较适合应用于城区甚至山上等景区。

在国内，早在 20 年前广西南宁就已将果树作为街头的行道树种植。而在福建的泉州、漳州，可以看到以芒果、龙眼形成的行道树，果实成熟之季，青色的芒果和小龙眼挂满整个街道，甚是好看。

在国外，仅印度就有 1/4 的城市树木为绿化果树；捷克的布拉格以及瑞典的斯德哥尔摩，苹果、梨树、杨李树在户外空间比比皆是，景观非常独特。还有英国爱丁堡市中心的王子大街公园，里面种满了香甜可口的苹果，游人尽可捡拾掉落在地上的苹果来作丰富的午餐。

(5) 文化价值　绿化果树除了具有很高的景观价值外，还具有其丰富的文化内涵。有些绿化果树长期以来形成了特殊的含义，例如象征爱情和幸福的芒果，象征繁荣昌盛的橘树，预示着幸福美满的鲜艳的大红枣，代表着“事事如意”的柿果，作为爱情寄托的栗树和栗果等。还有，古时的民间，桃被奉为吉祥之兆，有“仙桃”之美称。此外，果树还被赋予拟人化的含义，如石榴象征着“子孙满堂”、桃李寓意着“领袖众芳”，橘、梅则比喻人的清高、坚贞和意志等。

绿化果树中，部分果树还与中国的风俗习惯、农事耕作、二十四个气节等有一定的关联，例如“千门万户瞳瞳日，总把新桃换旧符”和“佳节清明桃李笑”等。

2.2.4.2 绿化果树的树种选择

我国的果树拥有3000余年的栽培历史，而且栽培管理技术成熟，因此种类繁多。由于常绿果树、落叶果树以及乔木、灌、藤本果树一应俱全，因此基本每一个城市都可以找到适生的果树绿化树种。但在绿化果树在树种的选择上，要考虑到地域的问题。我国地域广阔，横跨热、温、寒3个气候带，而且地形复杂，气候迥异，因此在果树的选择上还要多加考虑，以免影响其绿化效果。

应用于北方的果树绿化树种主要有桃、梨、李、银杏、无花果、枣树、山楂、柿树、石榴和板栗等。3～4月开花的桃树，是早春的一道亮丽风景；扇形树叶的银杏树是夏季很好的行道树；叶色紫红的柿树在秋季果实满树。目前桃、梨和柿树等多用于道路两侧、可视山头作为深度绿化应用，而石榴既可赏花又可赏果，因此主要在道路两侧绿化带中搭配应用。现就梨、柿、桃、银杏、枇杷、石榴、葡萄等主要绿化树种做一简介。

(1) 梨树　梨树属落叶乔木，其叶片椭圆形，油亮而有光泽。伞房花序，4月中下旬开花。中国的梨树在初花期基本不展叶，只有到盛花期后，叶片才初展。而西洋梨树在花序下就有3～5片叶，因此开花前即有较多的叶展开。梨树的品种多，适应性也好，而且对旱、涝、寒、盐、碱的抵抗力较强，因而多用于公园和庭院等地。据有关专家提出，根据我国的气候、土壤条件和梨树的品种特性，梨树要因地制宜地发展，并且科学地划分出不同的栽培区域。

(2) 柿树　柿树也属落叶乔木，单叶互生，高达15m，叶呈椭圆状倒卵形，且表面平滑且光亮。柿树果实成熟时橙黄或橘红色。我国柿树品种很多，形状各异，具有喜光、耐干旱，不耐水湿和盐碱的共通特性。柿树多用于行道绿化，秋季叶色紫红，果实满树，尽显殷红可爱，是良好的观果树种，也可应用于庭院、廊外，亦可装点山石以及制作盆景或剪枝插瓶。

(3) 桃树　桃树属小乔木，叶宽披针形成卵状椭圆形。桃花在3～4月份开放，花1～3朵簇生，粉红色，先花后叶。其果实在5～8月间成熟，底色黄绿，阳面有红晕。桃树具有喜光、较耐旱、不耐湿等特点，多种植在夏季高温的暖温带气候地区。桃树品种可分为食用桃和观赏桃，食用桃又有蟠桃和油桃两大变种，而观赏桃则有白花桃、白碧桃、垂枝桃、紫叶桃、寿星桃、红花碧桃与洒金碧桃等多个变种。

(4) 银杏　银杏属落叶乔木，谷雨前后开花，叶形独特，长卵圆形果实，成熟于9～10月份。银杏具有喜光、较耐干旱、不耐水湿的特点，且对土质要求不是很严格。银杏属著名的活化石植物，又是珍贵的用材和干果树种，而且寿命特别长，仅我国就有许多有3000年以上树龄的古树。参天雄伟的成年银杏树古朴而典雅，秀丽而清奇，是园林绿化的理想树种。银杏多以行道树应用于街道两旁，亦可种植在庭院中、开阔地带等。

(5) 枇杷　枇杷属常绿小乔木，小枝密生锈色绒毛。枇杷其叶革质，倒披针形、倒卵形至矩圆形，先端尖或渐尖，基部楔形或渐狭成叶柄，边缘上部有疏锯齿，表面多皱且绿色，背面及叶柄密生灰棕色绒毛。枇杷果呈球形或矩圆形，黄色或橘黄色。果实成熟期在5～6月份。枇杷秋季养蕾，冬季开花，春来结子，夏初成熟，承四时之雨露，为“果中独备四时之气者”，是我国南方稀有的珍贵水果。枇杷果果肉柔软多汁，酸甜适度，味道鲜美，有“果中之王”之美誉。

(6) 石榴　石榴又名安石榴，属落叶小乔木或灌木，高 2～7m。石榴小枝有棱角，枝端有刺。其单叶对生或簇生，长椭圆状倒披针形，亮绿色，无毛。其花多呈鲜红色，单生或数朵簇生枝顶或叶腋。钟形花萼，呈紫红色，且质厚，开花期在 5～6 月。近球形的大浆果，果径在 6～8cm 左右，呈古铜黄色或古铜红色。石榴具有喜光、喜温暖气候、喜肥沃湿润且排水良好的土壤的特点。目前，可以把石榴分成两大体系，即以花为主的花石榴和以果为主的果石榴，主要品种有白花石榴、黄花石榴、重瓣白花石榴、玛瑙石榴、四季石榴、重瓣四季石榴等。石榴作为美丽的观赏树，多以孤植、群植的形式应用于园林绿化中，也是制作盆景及桩景的好材料。

(7) 葡萄　葡萄属落叶藤本植物，是世界最古老的植物之一。葡萄茎蔓长达 10～20m，单叶互生植物。花小，呈黄绿色，圆锥形花序。葡萄浆为果圆形或椭圆形，因品种不同，有红、白、褐、紫、青、黑等不同果色。果实成熟期在 8～10 月份，因其果色艳丽、味美汁多、营养丰富，有“水晶明珠”之称。葡萄原产于欧洲、西亚和北非一带，我国葡萄的栽培已有 2000 多年的历史，均产于长江流域以北地区，如新疆、甘肃、山西、河北、山东等地。

2.2.4.3　绿化果树的营造

(1) 绿化果树的树种搭配　园林植物造景必须遵循因地制宜的重要原则，因此绿化果树的栽植也不例外。就南方地区来说，由于气候较北方更温暖湿润，因此果树品种较多，在园林绿化中的应用也较为广泛。在因地制宜的同时还要懂得因园制宜，即在同一地方不同类型的园林绿化中考虑不同的树种，例如用于庭院栽培的果树主要有梨、枣、桃、柿、柑橘、葡萄；而作为行道树的种类主要有柿树、石榴、海棠、银杏。不同的果树对环境条件的要求也不一样，如梨、柑橘等要求深厚、肥沃、疏松的土壤，而柿树则不宜选择干旱和瘠薄的地带。除此以外，绿化果树对光、热、水肥的要求也各不相同：柑橘畏寒；桃、李喜光；杨梅较耐阴；梨、葡萄等耐低温。

绿化果树的栽植除了讲究因地制宜和因园制宜之外，还要根据生物学的原理进行科学的规划。倘若在同一片区域内多树种混植，则会因果树与其他树种对水、土、肥的要求不同，和果树本身的病虫害较多，而导致树种间产生交叉感染，造成管理困难加重、果树及其他树种生长不良的不良后果。因此最好是只栽种一种果树，像苏州拙政园里的枇杷园，满园的枇杷反而给人另一番野趣。

(2) 绿化果树的配植方式

① 孤植　孤植是为了突出绿化果树的个体美，一般选用树形优美、体形高大、花朵芳香、果实硕大、结果丰盛的树种，如银杏、柿、山楂、木瓜、海棠、石榴等。选作孤植的绿化果树一般种植在比较开阔空旷的地点，如花坛中心、开阔草坪、庭园向阳处及门口两侧等。

② 列植　选作列植的绿化果树主要用于街道的绿化，如海口满街高大潇洒的椰子树，引人入胜，吸引众多的游客。

③ 搭配植或丛植　此类配植方式既能观赏到绿化果树的个体美，也能观赏到其群体美，如桃红柳绿就是植物搭配的经典。这类方式的绿化果树多用于开阔的草坪上、河湖水体边缘、园林绿地的显要位置。

④ 群植或林植　此类配植方式可以将绿化果树形成果林，使得景观具有开阔恢弘的气势，给人一种感官震撼力，因此多应于观光果园中。可以形成果林的绿化果树品种很多，如

苹果林、枇杷林、梅林、果桑林等。此外，各种果园因其果树的不同种类也显示出不同的景观现象，例如果桑林，春季嫩芽满枝，翠绿迎人；初夏满树桑葚果，挂满枝头，有诱人的紫色桑葚，有酸甜的红色桑葚；秋季树叶变黄，也颇为美观。另外，由于果桑林低矮，游人可以随手采摘，边赏边尝，甚有乐趣。

⑤ 果篱　果篱是指按照绿篱的栽植形式，形成一条带状的观果景观。果篱常用的树种一般为灌木观果树种，如火棘、枸骨、冬青、胡颓子、阔叶十大功劳、小檗、枣、鼠李、花椒、枸橘、沙棘、野蔷薇等。有时还会用到用珊瑚树、山茱萸、大叶女贞、木瓜等乔木观果树种作高层果篱。

(3) 绿化果树的维护　与一般的绿化树种不同，绿化果树在生长发育过程中，对土、肥、水的要求很高，因此在种植后应适时灌水和施肥，及时中耕锄草，同时要做好防治病虫害的措施。要体现绿化果树花繁果美的观赏价值，适当地修剪尤为重要。在修剪时特别注意及时疏枝、疏花、疏果，确保通风透光，以减少病虫害、促进果实着色、提高观赏效果。然而一般的园林绿化工人又往往不具备果树的养护和管理经验。因此，绿化单位应选育适合城区绿化的果树品种，以解决养护管理问题。与此同时，还应在果树的肥水管理、整形修剪、病虫害防治等方面提供技术上的支持；并且在日常管理上要明确责任落实到人，以免出现随便攀折果树、无人管理等问题出现。

2.2.4.4　绿化果树的应用场所

(1) 公园绿化　公园是综合性较强的园林，运用果树造景也比较广泛，因此在公园中常成片种植果树形成观赏果园。作为观赏果园的绿化果树树种主要有苹果、白梨、海棠果、桃、杏、梅、枇杷、杨梅、柿、枣等。绿化果园给人一种异样的感受，例如，枇杷园，满园遍植枇杷，夏初成熟，累累果实，缀满枝头，给人一种“摘尽枇杷一树金”的独特意境。

有些绿化果树还以孤赏树或园景树的形式广泛应用于公园中。这类果树主要有板栗、油梨、橘、杨梅等。树冠圆广的板栗枝茂叶大，初夏时节白花满树，入秋时期则会密生长针刺的黄褐色总苞贴生在树枝上，如同一个个十分别致、奇特的“小刺猬”，可孤植或群植在公园草坪及坡地作为观赏树应用。四季青绿的杨梅树在南方非常多见，姿态雅致，凌冬不凋，多作为观赏树种，给人一种别致优雅的感觉和宜人的情趣。

总而言之，绿化果树对公园中景观的形成有着不可低估的作用，像猕猴桃、木通、葡萄等还是公园中优良的棚架绿化材料。

(2) 城市道路绿化　绿化果树种植在城市道路的两侧，可以起到绿化周围环境的作用。适于用作行道树的绿化果树有银杏、杏、枇杷、柿、橄榄、华山松、樱桃、芒果、蒲桃、核桃等。不同的地区，城市道路所运用的绿化果树所不同，因地制宜。例如，在甘肃天水选用石榴，新疆伊犁选用梨树，山东乐陵选用了枣树，广州选用芒果形成林荫大道，广西南宁则把实生芒果、菠萝蜜、黄皮等作为行道树。此外，南京有一条街道上满是银杏，形似华盖的树冠巍峨嶙峋，仿若折扇的叶片翠绿滢洁，整体给人一种肃穆壮丽、古雅别致的感觉。

(3) 住宅小区和单位附属地绿化　部分绿化果树适宜住宅小区栽植，例如在庭院、单位附属地栽植绿化果树，不仅能达到美化景观的效果，还可形成小型的生态植物群落，提高周围的环境质量，与此同时还可收获丰硕的果实，取得不小的经济效益。

绿化果树中，桃树是最为理想的庭院观赏植物。宋有诗人赞曰：“碧桃天上栽和露，不是凡花数”，由此可见古时桃树就为人们所喜欢。可以想象，阳春三月，桃花绽开，不仅是重光叠萼，锦绣堆成，加上婆娑漫舞的绿柳交相辉映，使得春光倍增明媚（图2-40）。

图 2-40 桃红柳绿的美景

（4）风景区和森林公园绿化 在风景区和森林公园绿化区所选用的果树一般是成林种植，结合果品的经济价值。这类的果树品种主要有杏、核桃、白梨、杨梅、海棠果等。杨梅作为中国南方的一种耐瘠易栽、适应性强的果树，既是贫瘠荒山开发的先锋树种，又是保持水土的含蓄树种，还是森林生物防火带的优良树种，也是开发旅游业的不错树种。此外，橘树在森林公园中应用也比较多，既能形成美丽景观，又能产生经济效益。唐诗有云“凌霜远涉太湖深，双卷朱旗望橘林，树树笼烟疑带火，山山照日似悬金。行看采掇方盈手，暗觉馨香已满襟”，这首诗把江南百里橘林展现得淋漓尽至。

种植果树既能充分发挥其作用又不破坏环境，因地制宜，如山林中宜“柞栗之属”，丘陵上宜“李梅之属”等。漫山遍野竞相开放的桃花、梨花姿色万千争奇斗艳，蔚为壮观，它们不仅能吸引无数的观光者前来观景赏花，还能给当地农民带来不小的经济收益。

由于风景区与森林公园一般人为破坏痕迹比较少，并且讲究生态环境的保护，因此有些地方不一定适宜种植园林植物，其中的大部分果树都是由野生种驯化而来的，甚至有些至今还是野生的。

（5）厂区、校园绿化 在厂区、校园合理地种植绿化果树，既可以起到净化空气、减低噪声、防暑降温、阻滞尘埃、吸毒杀菌的作用，又能使工人、教师和学生有一个良好的工作和学习环境。

（6）盆景 果树盆景是在盆栽果树的基础上，继承和发扬中国传统树桩盆景的造型艺术，经过艺术加工处理，形成观赏价值很高的艺术品。果树盆景有着春花婀娜多姿、夏叶青翠莹绿、秋果色彩绚丽、冬枝骨干苍劲的特有魅力，给人一种独特的观赏情趣，有将新、奇、妙融为一体的“活体艺术”之美称。由于绿化果树所营造出的盆景（图2-41）有其特有的美化效果，因此多用于居室、阳台、大型宾馆、酒店等室内外绿化装饰的区域，可谓是一大景观和时尚。也可建成空中果园、微型果园等特殊景观。作为盆景的果树种类很多，例如树姿优美的金橘，夏日花白如玉，秋冬碧叶金丸，是人们喜爱的盆栽果树。人工培育的山楂树盆景更是别有特色，偏偏绿叶覆盖着纤纤嫩枝，枝叶间又镶嵌着粒粒绛红珍珠，各个玲珑剔透，别有一番情趣和美感。

2.2.5 花灌木

花灌木一般指观花、观叶、观果及其他观赏价值的灌木类的总称，这类树木在园林中是应用最广。花灌木中，观花类的灌木有榆叶梅、蜡梅、绣线菊（图2-42）等，观叶类的灌木有金叶女贞、小叶黄杨、红叶小檗等，观果类的灌木有火棘、金银木、华紫株等。

花灌木中，观花类灌木有着美丽芳香的花朵，观叶类灌木有着色彩丰富的叶片，观果类灌木有着诱人可爱的果实，这些观赏性状使得花灌木在园林中的运用得到了很大的发展。随

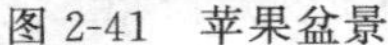

图 2-41　苹果盆景

图 2-42　花灌木——金山绣线菊

着时代的发展，花灌木在园林中的运用也有了举足轻重的地位。也正因为它具有丰富的色彩和美丽的形状，极易形成视觉的焦点，才使得它在园林景观营造中的地位举足轻重。

作为自然风景的重要构成，花灌木也是构成园林景观的主要素材，其在园林植物群落中属于中间层，起着乔木与地面、建筑物与地面之间的连贯和过渡作用。正所谓“有名园而无佳卉，犹金屋之鲜丽人”，多种多样的花灌木，不仅使城市规划艺术和建筑艺术得到了充分的表现，植物构成的空间和季相，又使得园林景观变得丰富多彩和风韵无穷。

2.2.5.1　花灌木的应用

花灌木在园林中的主要运用在公路两旁，以美化装饰分车带及路缘，并且分割空间；也可以用于连接特殊景点的花廊、花架、花门、点缀草坪、山坡、池畔、道路和丛植灌木等；还可以利用花灌木配置成色彩鲜艳的色块、色带用于园林绿化中。

2.2.5.2　花灌木的分类

根据花灌木在城市美化建设中的用途及美化现状，可以将其分为以下几类。

(1) 花篱类　花篱类是指花灌木组成的较精美的墙垣，可以选作花篱的花灌木品种有金叶女贞、小叶黄杨、棣棠、蔷薇、洋玫瑰、红叶小檗（图 2-43）、丰花月季、郁李、蔷薇、粉团蔷薇、黄刺玫、白玉堂、苦水玫瑰、金露梅等。

(2) 垂直美化类　此类花灌木主要应用于攀援棚架、花门、墙垣、假山等，主要灌木品种有紫藤、凌霄、金银花、攀援月季等。

(3) 专类园类　“专类花园”通常是由名贵、优美的花灌木根据其五彩缤纷的花色、长短不一花期的、参差不齐的株形栽植而成，适宜的品种主要有玫瑰、牡丹、丁香、杂种香水月季等。

(4) 孤植类　可作孤植类的花灌木要求开花繁茂、色彩艳丽或具芳香，重点突出其个体观赏效果。适宜作孤植类的花灌木有紫薇、石榴、探春、锦带、海仙、珍珠梅、木绣球、醉鱼草、贴梗海棠、天目琼花等。

(5) 荒山美化类　花灌木品种中，有不少野生品种可用于荒山的美化，例如沙棘、野蔷薇（图 2-44）、柠条锦鸡等。

2.2.5.3　花灌木的配置原则

园林花灌木在配置时要讲究科学性和艺术性，例如在园林中，常常应用常绿与落叶树种

图 2-43　红叶小檗

图 2-44　荒野小蔷薇

搭配，乔木、灌木、花卉和草地互相搭配，进行植物混合配置，这时往往就要考虑其中的科学性和艺术性问题。因为若是把树木和花卉杂乱无章地种植在一起，会导致既达不到绿化目的，又起不到美化环境的结果。

（1）科学性　园林花灌木配置的科学性是指树木在种植时首先要明确种植的目的性，并且做到适地适树、合理密植、配置得当。

花灌木的种植设计由园林绿地功能而决定，其种植的目的性要明确。在进行花灌木的种植设计时，一定要有明确的目的性，同时搞清绿化应当解决的问题，可以解决的问题分别是哪些。而园林绿地的种类繁多，每种绿地也都有其不同的功能。例如街道绿化的主要功能是蔽荫，休息花园的功能是供人赏花和休息，工厂绿化的主要功能则是改善、防护周围的环境条件。因此，在构图设计时，可以结合各自的绿化功能来搞清各自的目的性，解决更多的问题。在种植设计时，要因地制宜，因景制宜，反之则会弄巧成拙。例如，公共建筑物前的绿地，不能种植大乔木，应当是装饰性绿地，否则会遮挡建筑，破坏风（街）景；而在有污染性的车间附近，应当种植草坪与低矮灌木，不宜种植片林；防护林区域则不能种植草坪草花，应配置高大乔木，否则就起不到防护作用。

适地种树是指在种植设计中所选用的树种，其习性要和栽植地点的立地条件相适应。所谓立地条件，是指气候、小气候、水文、土壤、植被及其他环境条件（海拔、朝向、坡度等）适地种植的例子很多，如在水边种植菖蒲，坡地种松柏，在背山面水的地方种竹子，在楼后背阴处种植耐阴的树种（如珍珠梅、金银木）。而在杆线较多的地方应种植耐修剪、隐芽力强的树种，不要种植大乔木。对于一些引种成功的外地优良品种，也可适当地种植。

由于乡土花灌木的适应性强、成活率高、生长健壮、绿化效果快，因此在一般情况下，各单位绿化都应选择乡土花灌木。

（2）艺术性　有关花灌木的艺术性，要结合其花色、叶姿、果形。因为许多种花灌木本身就有很高的观赏价值，其树形优美，花朵艳丽，而且具有富有变化的叶形、叶色。在种植花灌木时，若种植得当，可以充分表现出植物的自身美感，并发挥其特有的观赏特性。但如果种植不当，不但不能表现出植物的自身美感，也不能发挥出其特有的观赏特性。因此，花灌木配置的艺术性主要体现在以下几点。

① 树形美　将花灌木种植在视线开阔的草地和广场上，并以天空为背景，树木的轮廓线和起伏虚线的变化就会更好地展现出来，更加能体现出其个体美和群体美。例如，以蜀桧为主体的树丛，若是种植在草地或开阔的地方，就可显示树丛的群体美；把黄杨种植在草地上，则会显示出其自然潇洒的树姿，但如果种植在树林中，就容易掩盖住它美丽的姿容。

② 色彩美　色彩是环境美的重要方面，而花灌木具有十分丰富的花色和叶色，四季的变化会使植物的色彩更加地突出，姹紫嫣红，变化万千。在园林植物景观的构图中，巧妙运用色彩的对比与调和的规律，可以充分发挥园林植物的观赏作用。例如，节日的花坛中要求植物的色彩浓艳；而在庄严肃穆的地方，则要求是淡雅清新的色彩；在红墙的前面应当种植粉红、黄色、白色的开花植物；而在一片盛开红色花朵的植物中，若是点缀几株开黄花的植物，则会使得景观的红色更加突出。

③ 主景与配景　绿地中的花灌木植物，无论种类的多少，总有一两种是作为主要树种，其他的作为陪衬的树种，或是在某一局部以一种树为主。花灌木的种植时，如果种植不分主次，什么都种，则会造成零乱不堪的“混交林”，既达不到种植的目的，又体现不出最终的效果。在景观的设计中，主景树与配景树要配置得当，才能充分发挥植物群体的艺术感染力。例如，在一片树丛中，可以姿态丰富的高大乔木作为背景，主景选择观赏特点突出的树种，配景选择低矮灌木，这样才能显示出树丛的群体美。

④ 比例与尺度　园林景观设计中，在选择花灌木时，除了以上要注意的问题，还要注意树木的高低大小与环境之间的比例尺度关系。例如，选择高大的花灌木种植在宽大的街道上，选择树形较小的花灌木种植在狭窄的街道上。此外，高大的建筑物前要配以树形高大的花灌木，而以低矮树种作为配景，才能使得建筑物与树木之间更加得自然谐调。由于高大树木与小庭院的尺度比例不相称，因此不应在小庭院中种植树形高大的树木，否则不仅会使得庭院显得更小，树木的观赏视距也不够，更加显示不出树木的美。虽然园林花灌木配置的艺术理论很多，但是与其他艺术理论也有许多共同之处。因此，在进行花灌木的配置时，应有意识地从艺术效果去考虑其配置问题。如此一来，不仅能不断提高花灌木的观赏价值，还可以起到其美化环境的作用。

2.2.5.4　园林花灌木在园林建设中的作用

（1）利用花灌木构成各种空间　作为园林景观营造中组成空间结构的主要成分，花灌木本身就是一个三维实体。与其他植物一样，花灌木也具有构成空间、分隔空间、引起空间变化的功能。例如，可以视为单体建筑的枝繁叶茂的高大乔木，整形修剪之后颇似墙体的绿篱，铺展于水平地面的平坦整齐的草坪，爬满棚架及屋顶的各种藤本植物等。此外，绿篱也是分隔空间常见的方式，例如在庭院四周或建筑物周围，可以用绿篱四面围合形成一独立的空间，以增强庭院或建筑的安全性、私密性；用较高的绿篱分隔公路、街道外侧，以阻挡车辆所产生的噪声污染，创造相对安静的空间环境；在国外还非常流行用绿篱做成迷宫，用来增加园林的趣味性，吸引更多的游客。

植物景观所构成的空间中，闭锁空间适于观赏近景，虽然景物清晰、感染力强，但是由于视线闭塞，很容易产生视觉上的疲劳。因此，在园林景观设计中，不仅要应用植物材料营造出开朗的空间景观，又要营造出有闭锁的空间景观，如此一来，两者之间巧妙衔接，相得益彰，既不会使人感到单调，又不会让人觉得疲劳。

一般而言，空间对植物布局的要求主要是根据实际需要做到疏密错落，具体体现在以下几点。

① 在大片的草坪地被中，由于四周没有高出视平线的景物屏障物，因此具有十分空旷的视野，而在空间开朗的地方，则易形成开敞空间。

② 对于有景可借的地方，植物配置要做到以不遮挡景点为原则，稀疏地栽树，并且保证树冠高于或低于视线来保持透视线或者半开敞空间。

③ 对于一些杂乱无章、视觉效果差的地方则要用植物材料加以遮挡，并且选用高于视平线的乔灌木将其围合环抱起来，形成闭锁空间。闭锁空间的仰角愈大，其闭锁性也会随之增大。

（2）利用园林花灌木表现时序景观　自然界的花草树木有着非常丰富的色彩变化，春天植物的开花抽芽，给人以色彩缤纷，生机盎然的景观效果；夏季植物的绿荫匝地，林草茂盛，给人以凉爽舒服之感；金秋时节的丹桂飘香、秋菊傲霜，更有而丰富多彩的秋叶秋果使得秋景美不胜收；隆冬之时草木凋零，山寒水瘦，呈现的是萧条悲壮的景观，给人一种肃然起敬的感觉。

由于花灌木随着季节的变化表现出不同的季相特征，因此可以称得上是一个“活”的景观。春有繁花，夏有绿荫，秋有硕果，冬有虬枝。这种盛衰荣枯的生命规律，为创造园林四季演变的时序景观提供了良好的条件。因此，在园林植物景观的设计中，可以根据植物的这种季相变化，将不同花期的植物进行搭配种植，从而使得同一地点在不同时期产生某种特有的植物景观，让人体会到时令的变化，给人不同的景观感受。

在利用园林花灌木表现时序景观时，首先必须对植物材料的生长发育规律和四季的景观表现有更深入的了解，从而根据其在不同季节中的不同色彩来创造不同的园林景色以供人欣赏，如此一来，才可以给人们以不同的观赏感觉。

（3）利用园林花灌木创造观赏景点　作为营造园林景观的主要材料，园林花灌木本身具有其独特的姿态、色彩、风韵之美。形态各异、变化万千的园林植物，不仅可以以孤植的形式展示其个体之美，又能按照一定的构图方式群植配置，表现植物的群体美，还可根据各自的生态习性，进行巧妙的搭配，营造出乔、灌、草结合的群落景观，给人以不同的感受。

花灌木中，色彩缤纷的草本花卉是创造观赏景观的佳材。而且花卉种类繁多，株体矮小，色彩丰富，因此在园林中的应用十分普遍，营造的形式也是多种多样。在景观营造时，草本花卉既可以露地栽植，又可盆栽摆放组成花坛、花境、花带，或者采用各种形式的种植钵，创造出令人赏心悦目的自然景观，达到点缀城市环境、烘托喜庆气氛、装点人们生活的效果。

园林花灌木中的许多种类拥有芳香宜人的花朵，人们在欣赏花色的同时，可以产生愉悦之感。种类较多的如桂花、丁香、兰花、月季、蜡梅等都具有特别的香味，因此可以在园林景观设计中，单独种植香花植物成专类园，如丁香园、桂花园、月季园等；还可将其进行合理的配置，营造成“芳香园”景观。在人们经常活动的场所，还可种植一些香花植物，如在盛夏炎热夜晚的庇荫场所附近种植晚香玉和茉莉花，使人在纳凉之际感觉到微风送香、沁人心脾的宁静。

不同的花灌木可以营造出不同特点的景观，例如，竹径通幽、梅影斜疏给人一种清淡幽雅的感觉；而悬铃木、雪松与大片的草坪所形成的疏林草地展现的则是一种欧陆风情；海南的棕榈、假槟榔、大王椰子等营造的是一派夏季的热带风光。

（4）利用花灌木烘托建筑、雕塑，或与之共同构成景观　由于植物有着曲线柔和的枝叶和视觉感受不同色彩表现，因此在园林景观设计中常常应用柔质性的植物材料来软化那些生硬的几何式建筑形体，营造的方式有基础栽植、墙壁绿化、墙角种植等。对于不同环境的建筑物，所选用的柔化植物也不同。例如，在玲珑精致的建筑物四周，应选栽一些叶小致密、枝态轻盈的树种；而在一些体形较大、视线开阔、立面庄严的建筑物附近，则应选择那些树冠开展、干高枝粗的树种。此外，在现代园林中，常常用花灌木作装饰，以烘托那些没有生机的雕塑、喷泉、建筑小品等，或用花灌木作成绿篱，应用在建筑的周围，通过色彩的对比和空间的围合来加强人们对周围景点的印象，更能产生出烘托的效果。与水山石相配时，园林花灌木不仅可以与水体形成美丽的倒影或遮蔽水源，给人一种深远的感觉，又能表现出地势起伏、野趣横生的自然韵味。

(5) 利用园林花灌木进行意境的创作　花灌木因其特有的植物特征，而被人们赋予了不同的情感意向。人们赋予其人格化的内容，在欣赏植物美丽的形态之时，也欣赏到其内在的意境之美，甚至会达到天人合一的理想境界。我国很多的诗、词、歌、赋和民风民俗都留下了对植物的赞美篇章，因此利用园林花灌木进行意境创作不仅是我国传统园林的典型造景风格，也是一项非常宝贵的文化遗产。

(6) 利用园林花灌木形成地域景观特色　我国地域辽阔，气候迥异，园林植物栽培历史悠久，形成了丰富的植物景观。不同的环境造就了不同的植物景观，不同生态习性的植物又呈现出不同的地域特性。因此，在园林植物景观设计中，可以根据不同植物对环境气候的不同要求，营造出具有地方特色的植物景观。

2.2.6 地被植物

地被植物是指一些低矮、株丛紧密，用于覆盖园林地面防止杂草孳生的植物，见图 2-45。地被植物的种类繁多，有蔓生的、丛生的、常绿的、落叶的、多年生宿根的，主要由一些多年生低矮的草本植物以及一些适应性比较强的低矮、匍匐型的灌木和藤本植物组成。

图 2-45　湖边草坪绿地

2.2.6.1 地被植物的特点与功能

(1) 地被植物的特点　与草坪植物一样，地被植物也可以覆盖地面，涵养水源，形成丰富的视觉景观。但地被植物又有其自身特点：一是植物的种类繁多，枝、叶、花、果富于丰富的变化，有着明显的季相特征；二是适应性强，地被植物可以生长在不同的环境条件下，形成特征不同的景观效果；三是高低、层次上的变化，由于这些，地被植物易于组成各种美丽的图案；四是地被植物繁殖简单，而且养护管理粗放，不仅成本低，而且见效快。

(2) 地被植物的功能　相对于草坪而言，地被植物的种类更加丰富，形成的园林景观也是更加的多姿多彩。地被植物的景观功能主要体现在两方面，一方面是使整体园林中的植物群落层次分明，富于变化；另一方面是用来覆盖裸露地表、增加空气湿度、防止尘土飞扬和水土流失、减少地表辐射、美化环境。有关其多样化的观赏特性，可以具体地归纳为形态、色彩、质地和韵律四方面，下面做详细的介绍。

① 形态　根据地被植物所营造的空间维度，并依据不同的需要，可以将地被植物分为大面积的景观地被和小面积的景观地被两种形态。大面积景观地被主要是采用一些花朵艳丽、色彩多样的植物，并选择阳光充足的区域进行精心规划，采用大手笔、大色块的手法栽植形成群落，着力突出这类低矮植物的群体美，这类景观主要应用在一些主要景区和主干道上。小面积景观地被主要是起衬托或弥补绿化空白的作用，多用一些耐阴、生存能力较强的植物采用“见缝插针”的种植，还可采用低矮的草花与硬铺装结合，可以体现刚柔并济的美感。

② 色彩与芳香　地被植物中，虽然多数是绿色树叶植物，但各自的颜色深浅不同，色调明暗也各异，因此，若是搭配合理，能达到错落有致的美感。近年来彩叶植物的大量应用，使得园林景观焕然一新，更加体现了地被植物的色彩美感。而在寒冷季节，一些常绿地被种类如麦冬等可以用来衬托落叶树种，像“金叶女贞”、“紫叶小檗”等木本地被植物的大面积种植，更使得北方冬季的萧条景色大为改观。有一些颜色明亮、花期较长、耐阴性强的种类，如玉簪、紫萼等若是种植在常绿树丛下，则会显得树丛色彩丰富；而在高大乔木下成片种植不同花色的荷兰菊则会形成一个色彩缤纷的林下地被景观。有些草本花卉也常用于地被，组成花坛、花境等，多样的色彩更加丰富了园林的景观。

地被植物中，一些观花地被植物不仅色彩鲜艳，而且花香宜人，例如草本植物中的薄荷、玉簪、紫茉莉等，灌木类中的月季、结香、水栀子、金银花等，在开花季节芳香四溢，若有微风吹来，还未见花容，必先闻其香，从而唤起可人们嗅觉和心灵上的舒适感。

③ 质地　地被植物的质地多取决于其配置的种类，重点强调给人的感官印象。由于地被植物的株形、花形和叶形的质感都不同，因此所营造的地被景观也会表现出或粗犷或细腻的质地。如铺地柏遒劲有力的枝干和充满刚性的针叶表达的是粗犷的质地，而草花地被柔软的茎叶和娇嫩的花朵展现则是比较柔和的质地。此外，单一和混合的地被植物所表现出的质地也有所不同，如单一的地被植物景观表现出的是较整齐均匀的质地，而混合的地被植物则通过复杂的层次和立体的线条表现出更为厚重的质地。

④ 韵律　地被植物的韵律与草坪植物的韵律有着异曲同工之处，在景观设计中，可以根据不同的配置种类和种植线条，表达出如行云流水般的节奏和韵律。单一和混合的地被植物，所表现出的韵律效果也有所不同，如单一种植的地被景观，可以表达出平缓安详的韵律，而混合型的植株则通过色彩和质感的变化表现出较轻松跳跃的韵律。

深刻了解地被植物的观赏特性，不仅有助于进一步理解地被植物景观所表达的内涵，而且有益于创造出更怡人身心的园林景观。

2.2.6.2　地被植物的分类

(1) 按植物种类分　按照植物的种类划分，地被植物可以分为草本地被植物、矮竹类、矮灌木、藤本地被植物、蕨类地被植物五大类。

① 草本地被植物　草本地被植物分布范围很广，种类、数量众多。草本植物又可以根据其生活习性的特点，分为一二年生草本地被植物、多年生草本地被植物、多浆类地被植物三类。作为地被植物中非常重要的群体，草本地被植物可以在城市绿地中大量使用，以避免草坪的单调性。

② 矮竹类地被植物　竹类植物千姿百态，其中，很多都是茎秆比较低矮而养护管理粗放，有的常用于假山园、岩石园中作为地被植物来应用，如菲白竹、菲黄竹、箬竹、倭竹、

鹅毛竹、凤尾竹、翠竹等。

③ 矮灌木地被植物　作为园林植物造景的主要种类之一，矮灌木的种类中，既有常绿的，又有观花、观叶的。矮灌木地被植物有着种类繁多、形态色彩各异、季相变化丰富的特点，因此成为造园造景过程中的主要植物材料。在进行植物的配置时，可以乔、灌结合，这样既能满足植物造景需要，又能有效地覆盖地面和增加绿量。在严寒的北方地区，通常选用的灌木主要有砂地柏、平枝栒子、迎春、卫矛、金叶女贞、大叶黄杨、小叶黄杨、紫叶小檗等。其中砂地柏的应用最为广泛，因为其植株贴地生长，有着舒展的枝态，并且四季常青、管理粗放。近几年，大叶黄杨、紫叶小檗、金叶女贞等也成为常用材料，在景观设计中通过变换搭配组合出多种的造型图案，既丰富了园林色彩，又美化了环境，多用于道路绿化带、立交桥、城市广场等。

④ 藤本地被植物　藤本地被植物不仅单株的覆盖面积大，而且附着力强，能很好地防止水土的流失，无需专门的管理。此类植物主要有地锦、凌霄、扶芳藤、常春藤、金银花、络石、铁线莲、山荞麦等是公路、河岸的良好护坡地被植物。

⑤ 蕨类地被植物。作为园林绿化中优良的耐阴地被植物，蕨类植物具有良好的应用前景。蕨类植物的种类主要有翠云草、肾蕨、贯众、荚果蕨、铁线蕨、凤尾蕨等。

(2) 按观赏特性分　地被植物按其观赏特性可以分为常绿地被植物、观叶地被植物、观花地被植物三大类。

① 常绿地被植物　地被植物中，有些种类四季常青，可以达到终年覆盖地面的效果，这类地被植物就被称为是常绿地被植物。常绿地被植物如砂地柏、麦冬、葱兰、铺地柏（图2-46）、石菖蒲、常春藤等，一般在春季交替换叶，都没有明显的休眠期。

常绿地被植物在我国黄河流域以南地区比较多见，北方冬季寒冷，常绿阔叶地被植物越冬困难，因此不能在室外环境栽植。

② 观叶地被植物　一些地被植物有着特殊的叶色与叶姿，可以孤植或群植以供欣赏，此类地被植物可以称为是观叶地被植物（图2-47）。观叶地被植物的种类有菲白竹、金叶过路黄、八角金盘、紫叶小檗、紫叶酢浆草、金叶女贞、洒金东瀛珊瑚等。

图2-46　常绿地被植物——铺地柏

图2-47　乡土观叶地被植物

③ 观花地被植物　有些地被植物花期长、花色艳丽，主要观赏特性在其开花期展现，这类地被植物可以称为是观花地被植物（图2-48）。观花地被植物中，有些可在成片的观叶植物中穿插布置，如在石菖蒲或麦冬类等观叶的地被中插种一些石蒜、萱草等观花地被植

物，可以发挥其更美好的效果。观花类地被植物的种类主要有石蒜、迎春、花毛茛、地被菊、诸葛菜、红花酢浆草、矮生美人蕉、红花韭兰等。

图 2-48 观花地被植物——熏衣草

（3）按生态环境分 根据植物的生态环境，可以将地被植物分为阳性地被植物、阴性地被植物及半阴性地被植物三大类。

① 阳性地被植物 阳性地被植物是指在全日照条件下正常生长发育的地被植物，如常夏石竹、百里香、紫茉莉、砂地柏、半枝莲、鸢尾、金叶女贞等，主要应用于空旷的地带。阳性地被植物只有在阳光充足的条件下才能正常地生长，并且能更好地表现出应有的花、叶色彩和效果，放在半阴处则会导致生长不良或者死亡。

② 阴性地被植物 一些地被植物只能在建筑物的阴影处或郁闭度较高的林下才能正常地生长，这类地被植物可以称为是阴性地被植物。阴性地被植物喜阴，在全日照的条件下反而会出现叶色发黄，甚至叶片先端出现焦枯等不良现象，主要种类有玉簪、蛇莓、白芨、虎耳草、蝴蝶花、连钱草、淫羊藿、桃叶珊瑚等。

③ 半阴性地被植物 在一些稀疏的林下、林缘处或其他光照不足的环境下，生长着一些地被植物，称为是半阴性地被植物。此类植物在半阴处生长良好，在全日照条件下及浓阴处反而生长不良，主要种类有石蒜、常春藤、蔓长春花、细叶麦冬、八角金盘、蕨类植物等。

2.2.6.3 地被植物的选择

（1）选择原则 种类丰富的地被植物在选择上有一定的原则，选择是否适当，是配置成功的关键。选择地被植物的过程中，首先要有合理的思路，只有根据设计目标与理念，合理地进行选择、科学地应用地被植物，才能实现设计的真正思想。地被植物的选择原则主要有以下三个方面。

① 科学原则 根据园林地被种植的环境去选择合适的种类，是科学利用园林地被植物的首要原则。只有这样，才能充分发挥其绿化功能，使人与自然和谐发展。地被植物配置是否得当的关键是因地制宜，只有更好地了解地被植物自身的自然高度、绿叶期、花期、果期及其适应性和抗逆性，还有种植地的水、土、气、光、温等环境条件，才能实现合理配置。

地被植物不仅富有自然野趣，而且具有保持水土的良好的生态保护功能。地被植物中，一些乡土树种生命力强、适应性强、病虫害少，而且无需投入较多的养护管理，因此被广泛应用。与外来树种相比，园林植物配置中应用的地被乡土植物具有绿化景观功能和一定的观赏价值，主要具有以下优势：种质资源丰富，其中有众多的灌木类、攀缘类及草本类地被植物，体现出植物的多样性；能充分展示地方资源、自然风貌和景观文化的本土性，创造出地方的风格特色；可以高度适应当地的气候生态环境，很快地转化为城市植物；不会引入生物的侵害而对当地生态系统造成危害；种苗容易获取，量大而且生产成本低廉等。

② 文化原则 作为园林的一个主要构成要素，植物在景点构成中不但起着绿化美化的作用，还担负着文化符号的角色，传递着人们所寄托的感情思想和美好愿望。

现在人们对植物的认识，已不再局限于当地的风俗民情和生活习惯，而是更多地表现为充分展现该地区的景观文化特色，因此在现代城市绿地植物景观中，可以将时代所赋予植物的文化内涵与城市绿地景观相结合起来。从而使人们产生各种主观感情与宏观环境之间的联想，即所谓的“情景交融”。

园林植物景观设计中，可以在特定的文化环境里，通过各种植物的合理配置使得园林绿化具有与之相应的文化气氛，形成具有当地文化特色的人工植物群落。

③ 艺术原则　作为一种有生命的立体艺术，地被植物在选择时，首先要考虑景点的高度、宽度、深度。在美观表达上，可以通过植物的形状、线条、色彩、质感来表达三维空间的美，而其丰富多彩的季相变化，更能表现出一种动态美。艺术原则这方面，在设计的过程中，变化与统一、均衡与对称、调和与对比、韵律与节奏这四个美学方面的原则有助于植物景观的设计，可以用于平面的布局和空间的构成。

地被植物主要展现的是群体美，因此在地被植物配置造景时，植物群落层次之间的分明性尤为重视。在构图上，必须考虑其与主体植物之间的协调性，并能突出主体，从而能起到衬托主景的作用。而对于不同植物群落，地被植物在选择上也存在很大的差异，例如上层乔灌木的种类、疏密程度以及群落层次的多少不同都将影响到林下地被植物的配置风格。

地被植物有着高矮不一的形态，艳丽丰富的色彩，形状、大小、质感均不一的叶片，因此可以营造出四时各异、五彩缤纷的植物群落景观。例如，渐渐成熟的嫩绿新叶，结出果实的鲜艳花朵，都在提示着季节的转换，给人以丰富多彩、惊喜多变的感受。此外，一些形态、质感、色彩相异的景观元素都可以通过同一种地被植物的过渡、协调而很好地统一起来。如高大的乔木、笔直的道路、生硬的水岸边、建筑物的台阶和楼梯、道路或建筑物的转角位等都可以在地被植物的衬托下变成一个具有统一协调性的有机整体。

(2) 选择要点　由于绿地的类型、功能和性质都不同，因此所需的地被植物种类也稍有差异。同时种类繁多、形态各异的地被植物对环境的适应能力也不同，因此在选择地被植物时要因地制宜，以便选择更理想的地被植物来营造美好的园林景观。

① 观赏价值　应用于景观设计的地被植物，应具有一定的观赏特性。例如在个体美的表现方面主要以其花、色、果、姿态等作为观赏对象；而在群体美的表现力方面，则以整体的高度、花期方面等一致性，给人一种色彩、覆盖方面达到均匀性的感觉。

② 生育周期　植物的生育周期不仅关系到地被植物的群落稳定性，还与种植成本有关。在园林植物景观设计中，通常选用生长周期较长的地被植物，以木本植物为最佳，多年生草本植物次之。花期较长、花色娇艳的一二年生植物，虽然生育周期短，但在景观设计时，可以搭配其他植物，以达到色彩丰富、延长观赏期的效果。

③ 绿色期　地被植物的叶片绿色期长短直接影响到其稳定性和覆盖的有效性，为此，要直接反映出评选对象间的差异，可以以常绿、半常绿和落叶的定性分析来衡量地被植物的绿色期，选择适合的植物，以便最大限度地发挥地被植物的绿化功能。

④ 适应性及抗性　由于地被植物的种植面积一般都比较大，而且养护管理粗放，再加上常用于装饰一些立地条件比较差的地表，因此园林景观中要求地被植物要有较广的适应性和较强的抗逆性。

地被植物种类中，有些植物具备抗干旱、抗瘠薄土壤、抗盐碱、抗病虫害等功能，如紫穗槐、五叶地锦耐干旱、耐瘠薄，而枸杞、柽柳耐盐碱。有些地被植物具有抵抗有害气体的能力，因此可以种植在具有污染工厂区的绿地。如能抗二氧化硫和氟化氢的一串红、美人蕉；能抗二氧化硫的石竹、万寿菊；能抗二氧化硫、氯气、氟化氢的矮牵牛、大丽花等。

⑤ 管理频度　作为地被植物应用上的一个重要特点，管理粗放与管理成本有关，即地被植物的适应性愈广，其管理也就愈粗放。现今提倡建设节约型园林，因此地被植物选择的首要条件是易栽培管理。例如容易繁殖、迅速生长等，均是应当考虑的条件。

2.2.6.4　地被植物的景观设计

在地被植物应用中，不仅要充分了解各种地被植物的生态习性，还应根据其对环境条件的要求、生长速度及长成后的覆盖效果与乔、灌、草之间进行合理的搭配种植，才能营造出更为理想的园林景观，如图 2-49 所示。

(1) 造景原则

① 适地种树，合理造景　合理化造景是在充分了解种植地环境条件和地被植物本身特性的基础上进行的。例如，用低矮整齐的小灌木和时令草花等地被植物美化入口区绿地，以其亮丽的色彩或图案来吸引游人；选用耐阴类地被植物覆盖山林绿地的黄土，美化环境；选择开花地被植物种植在路旁，以供游人欣赏时序性的景观变化。

图 2-49　地被植物在园林中的应用

② 按照园林绿地的功能、性质不同来造地被植物景观　根据园林绿地不同的性质和功能，不仅乔、灌木造景不同，地被植物的造景也应有所区别。

③ 高度搭配适当　园林地被植物一般作为植物群落的最底层，因此在高度的选择上是很重要的。当上层乔、灌木分枝高度都比较高时，下层可选用适当高一些的地被植物。反之，上层乔、灌木分枝点低或是球形植株，则可根据实际情况选用较低的种类，如在花坛边的地被植物应选择一些更矮的匍地种类。

④ 色彩协调、四季有景　与上层乔、灌木一样，园林地被植物同样有着丰富的叶色、花色和果色。因此，在地被植物群落搭配时，要使得上下层之间的色彩相互协调，叶期、花期相互错落，才能具有丰富的季相变化，体现出不同的园林风格与特色。

(2) 造景应用　地被植物景观不仅可以增加植物的层次感，还可以丰富园林景色，提高园林的艺术效果，并给人们提供优美舒适的绿色环境。在园林绿化中，不仅可以应用地被植物形成具有山野景象的自然景观，还可应用一些耐阴性强的地被植物，在密林下生长开花，与乔木、灌木造景形成立体的群落景观，既增加了城市的绿量，又能创造良好的自然景观。此外，地被植物还可应用在园林树坛树池中、林下和林源地，或做零星的配置。

地被植物除了以上的应用外，还可以增加叶面积系数，具有净化空气、降低气温、改善空气湿度、减少尘土与细菌的传播和减少地面辐射等作用，还能保持水土环境，减少或抑制杂草的生长。

作为多种艺术的综合，园林艺术有着不可忽视的作用。景观设计中，地被植物的应用可以按照园林艺术的规律，来处理好其与园林布局之间的关系。

① 大面积景观地被　大面积景观地被主要用于主干道和主要景区，是采用一些具有艳

丽花朵、多样色彩的植物，选择阳光充足的区域进行精心地规划，并且采用大手笔、大色块的手法进行大面积的栽植以形成群落，重点突出地被植物的群体美，还可用于烘托其他景观，形成美丽独特的迷人景观。此类应用中，主要的地被植物种类有葱兰、杜鹃、美人蕉、红花酢浆草，以及时令草花等，如图 2-50 所示。

② 假山岩石小景　在假山、岩石园中种植矮竹、蕨类等地被植物，构成假山岩石小景。在假山、岩石周围布置的蕨类和矮竹等地被植物（图 2-51），不仅活化了岩石、假山，又显示出清新、典雅的意境。此类布置在选择植物时，主要选择一些茎秆比较低矮、养护管理粗放的矮竹，如箬竹、翠竹、菲白竹、鹅毛竹、凤尾竹、菲黄竹等。

图 2-50　大面积花地——荷兰菊

图 2-51　假山岩石小景

在水池边、岩石上、石缝中布置一丛或者几丛蕨类植物，可以使得周围景观别具风格，可以选择的树种主要有铁线蕨、凤尾蕨等。

③ 高山草甸景观　多种开花地被植物与草坪搭配造景，形成高山草甸景观。地被植物中，可以选择一些种类用于点缀草坪，如水仙、鸢尾、石蒜、秋水仙、马蔺、二月兰、野豌豆、葱兰、韭兰、红花酢浆草等草本和球根地被，这些地被植物又可布置成各种不同的形状，形成高山草甸式景观，见图 2-52。如此分布，不仅有疏有密、有叶有花、自然错落，远远望去，还犹如一张美丽的绣花地毯，别有一番风趣。

图 2-52　多种开花地被植物与草坪结合造景

图 2-53　多种地被植物结合造景

④ 林下花带　林下多种地被相互造景，形成优美的林下花带。园林植物景观营造时，在乔、灌木下采用两种或多种地被植物进行轮植、混植，可以使其色彩分明、四季有景，如图 2-53 所示。例如在紫色的紫荆花盛开时，可以在下层配以成片开鲜黄色花的花毛茛；而在红色或白色的紫薇花盛开时，则在下层配以紫茉莉或同时能开放多种色彩的花朵，即会出现一个五彩缤纷、引人入胜的树丛。

⑤ 适生地被　以浓郁的常绿树丛作为背景，构成适生地被。在园林景观中，将宿根、球根或一二年生草本花卉成片点缀其间，可以形成美丽的人工植物群落，如图 2-54 所示。在南京的一个情侣园中，用冷杉、云杉作为背景，前面栽植英国的小月季、月月红月季，并将书带和萱草作为地被，再在其间散点假山石，组成了美丽的林石小景花径。

图 2-54　人工植物群落

⑥ 溪涧景观　与山、石、溪水构成溪涧景观。在小溪、湖边种植一些耐水湿的地被植物如石蒜、石菖蒲、蝴蝶花、筋骨草、德国鸢尾等，配上叠水或游鱼，再在溪中、湖边散置山石，并点缀一两座亭榭，可以构成别有一番山野情趣的园林景观。

2.2.6.5　地被植物的适用范围

① 阻止游人进入的场地。

② 需要保持视野开阔的非活动场地。

③ 一些栽培条件较差的场地，如林下、风口、沙石地、建筑北侧等。

④ 在可能会出现水土流失，并且很少有人使用的坡面，如高速公路边坡等。

⑤ 在杂草猖獗，无法生长草坪的场地。

⑥ 管理不方便，如水源不足、大树分枝点低、剪草机难进入的地方。

⑦ 在一些需要绿色基底衬托的景观，并希望获得自然野化效果，如某些郊野公园、风景区、湿地公园、自然保护区等。

2.2.6.6　地被植物的养护管理

作为提高园林绿地覆盖率的重要组成部分，地被植物已由常绿型走向多样化，并由草皮转向观花型。但由于地面覆盖植物属于成片的大面积栽培，因此在正常情况下，一般不允许，也不可能做到精细的养护，只能以粗放的管理为原则。

(1) 防止水土流失　栽培地的土壤必须保持疏松、肥沃，而且要有好的排水。一般情况下，栽培地每年检查 1～2 次，尤其暴雨后要仔细查看是否有冲刷损坏。对于一些水土流失情况严重的地区，应立即采取堵塞漏洞的措施，否则，会继续扩大流失之处，最终造成难以挽回的局面。

(2) 增加土壤肥力　在地被植物的生长期内，可以根据各类植物的营养需要，及时补充肥力，尤其一些观花地被植物，及时增加土壤的肥力更显得重要。

施肥方法中，喷施法较为常用，它是在生长期使用较为简便的施肥方法，适合于大面积使用。所施的化肥主要以稀薄的硫酸铵、尿素、氯化钾、过磷酸钙等为主。

施肥的时间在早春和秋末，或在植物休眠前后进行，施肥时，结合加土进行，使用堆肥、饼肥、塘泥、厩肥及其他有机肥源。这样既能增加土壤的有机质含量，又有利于植物根部越冬。

(3) 抗旱浇水　一般情况下，地被植物均选取一些适应性强的抗旱品种，可不必浇水。但当出现连续干旱无雨时，应进行抗旱浇水，以防地被植物严重受害。

近几年来，一些常规绿化的花灌木树种也被广泛应用于地被的处理，然而这些灌木树种被高密度种植后，影响了根系的发育，使得其抗旱能力降低，因此应加强抗旱浇水的工作。

(4) 防止空秃　在地被植物大面积的栽培中，最怕出现的状况是空秃，尤其是发生成片的空秃后，导致景观很不雅观。因此一旦出现空秃现象，应立即检查原因，并及时翻松土层。当土质欠佳时，应及时采取换土的措施，并用同类型地被植物进行补秃，从而恢复景观的美观。

(5) 修剪平整　地被植物的修剪平整，是指在每年开春新芽萌动前进行强剪使高度压低，而在生长季节对徒长枝及时修剪。对于一般的低矮类型品种，仍以粗放管理为主，不需要进行经常的修剪。而对于一些开花地被植物，尤其少数残花或者花茎高的，必须在开花后进行适当压低，或者结合种子的采取，适时修剪来控制其高度。

(6) 更新复苏　在地被植物的养护管理过程中，往往由于各种不利的因素，使得成片的地被出现过早衰老的现象。此时应根据具体的情况，对表土进行刺孔，以促使其根部土壤保持疏松透气，同时加强施肥和浇水，则有利于进一步的更新复壮。

对于一些林荫下的灌木地被，在出现杆细叶稀等不良现象时，应及时进行重剪、重施肥，并加强对乔木的修剪，以增加其透光度，从而促进灌木地被的复壮。而那些生长 5 年以上的部分灌木地被，应及时更新那些长势衰退的。

一些观花类的球根和鳞茎等宿根地被，必须每隔 5～6 年左右进行一次分株翻种，否则会出现自然衰退的现象。此外，在分株翻种时，应及时将衰老的植株及病株拾去，并选取健壮者进行重新栽种。

(7) 地被群落的调整与提高　相比其他植物，地被植物的栽培期长，而且并非一次栽植后就一成不变。除了一些自身具有更新复壮能力的品种外，其他的品种一般均需要从观赏、覆盖的效果等多方面考虑，以在必要时候进行适当的调整和提高，使得地被的群体美更加突出。

① 注意绿叶期与观花期的交替　一些观花地被，如石蒜、忽地笑等，其花和叶不同时，即在冬季光长叶，夏季光开花。而四季常绿的细叶麦冬却是周年看不到花，若能在成片的麦冬中，增植一些石蒜、忽地笑，则可以达到互相补充的目的。而在成片的常春藤、五叶地锦、蔓长春花等藤本地被中，若是添种一些铃兰、水仙等观花地被植物，或是在深色背景层内，可以衬托出鲜艳的花朵来；播种一些白花射干花在德国鸢尾、铁扁担群落中，也可增添些许的野趣。

② 花色协调，醒目不杂乱　在道路或草坪边缘种上香雪球、太阳花，可以更显得高雅、华贵和醒目。而在绿荫似毯的草地上适当布置种植一些观花地被植物，如白花的白三叶、低矮的紫花地丁、黄花的过路黄等，以达到色彩相协调的效果。

2.2.7　藤本植物

藤本植物（图 2-55）是指一些自身不能直立生长，需要依附它物或匍匐地面生长的木本或草本植物。藤本植物可以通过篱、垣及棚架绿化的形式，构成园林一景，用以构筑或分隔空间，也可起到装饰或覆盖墙体等作用。

2.2.7.1 藤本植物的景观功能及应用特点

（1）藤本植物的景观功能　种类繁多的藤本植物姿态各异，其茎、叶、花、果在形态、色彩、质感、芳香等方面有着独具一格的特点及其丰富的整体构形，因此可以表现出各种各样的自然美。例如，枝叶纤细的茑萝，体态轻盈，若是缀以艳红小花，则更显得娇媚；爬满棚架的观赏南瓜，具有丰富的色彩和奇特的果实，给人一种浓郁的农家气息；依靠吸盘爬满垂直墙面的五叶地锦，夏季是一片碧绿，秋季则满墙艳红，对墙面和整个建筑物来说是不错的装饰植物；盘根错节的紫藤老茎，犹如蛟龙蜿蜒，加之较长的花序，繁茂的花朵，观赏效果十分显著。

图 2-55　马路边的藤本植物

藤本植物除了能产生良好的视觉形象外，由于许多种类的花果还具有香味，因此可以引起嗅觉上的美感。此外，藤本植物若是用于垂直绿化则极易形成立体景观，因此既可起到观赏的作用又能起到分割空间的作用，加之其生长需要依附于其他物体，因而更显纤弱飘逸，婀娜多姿，在软化建筑物生硬的立面的同时，还给死寂沉闷的建筑带来无限的自然生机。

（2）藤本植物的应用特点　同其他植物一样，藤本植物具有净化空气，减轻噪声污染，调节环境的温度、湿度，吸附和消化有害气体和灰尘，平衡空气中氧气和二氢化碳含量等多种生态功能。此外，藤本植物因其本身具有独特的攀缘或匍匐生长习性，因而既可以对建筑物墙面、立交桥等垂直立面进行绿化，从而起到保护墙面、桥身、降低小环境温度的作用；还可以对裸露地面、陡坡进行绿化，不仅能扩大绿化面积，还具有良好的固土护坡作用。

藤本植物生长迅速，因有篱、垣、棚架的支持，能最大限度地占据绿化空间。如紫藤年生长量达 3～6m，爬墙虎年生长量可达 5～8m。此类植物种植以后，经 3 年左右就可将墙面或支撑体遮盖起来，达到绿化的效果；一些草本类的藤本植物则是当年见效。

目前，城市铺装路面约占整个城市用地的 1/2～2/3，因此可供绿化的地面是有限的。而采用篱、垣、棚架的绿化设计形式，不仅可以补偿因地下管道距地表近而不适栽树的弊端，又可有效地扩大绿化面积。

2.2.7.2 藤本植物的常见种类

藤本植物根据其习性可以分为以下四种类型。

（1）缠绕类　缠绕类藤本植物是指通过缠绕在其他支持物上生长发育的植物，如图 2-56 所示。缠绕类藤本植物的种类有紫藤、牵牛花、铁线莲、大瓣铁线莲、木通、三叶木通、猕猴桃、金银花、橙黄忍冬、南蛇藤、黎豆、鸡血藤、西番莲、何首乌、红花菜豆、常春油麻藤、崖藤、吊葫芦、软枣猕猴桃、金钱吊乌龟、瓜叶乌头、清风藤、藤萝、狗枣猕猴桃、五味子、南五味子、荷包藤、马兜铃、链藤、红茉莉、五爪金龙、探春、海金沙、买麻藤、北清香藤、穿龙薯蓣等。

（2）卷须类　卷须类藤本植物是指依靠卷须攀缘到其他物体上的植物，如图 2-57 所示。

卷须类藤本植物的种类有葡萄、异叶蛇葡萄、炮仗花、蓬莱葛、苦瓜、丝瓜、扁担藤、甜果藤、云南羊蹄甲、珊瑚藤、香豌豆、观赏南瓜、赤苍藤、龙须藤、山葡萄、绞股蓝、蛇瓜、橇藤子、菝葜、嘉兰、山荞麦、小葫芦、罗汉果等。

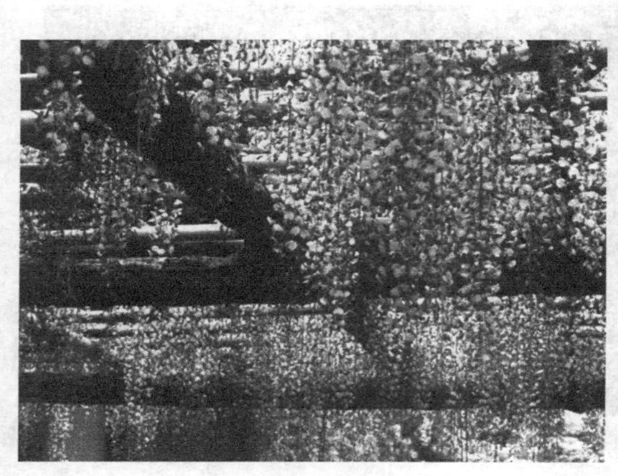

图 2-56 缠绕的紫藤花

图 2-57 卷须类藤本植物——炮仗花

(3) 吸附类 吸附类藤本植物是指依靠气生根或吸盘的吸附作用而攀缘的植物种类，如图 2-58 所示。吸附类藤本植物的种类有凌霄、常春藤、扶芳藤、地锦、五叶地锦、崖爬藤、钻地风、冠盖藤、量天尺、洋常春藤、常春卫矛、美国凌霄、花叶地锦、倒地铃、球兰、络石、蜈蚣藤、麒麟叶、狮子尾蔓九节、香果兰、绿萝、龟背竹、合果芋、硬骨凌霄、石血等。

(4) 蔓生类 蔓生类藤本植物没有特殊的攀缘器官，因而攀缘能力较弱，如图 2-59 所示。蔓生类藤本植物的种类有野蔷薇、多腺悬钩子、云实、雀梅藤、木香、红腺悬钩子、软枝黄蝉、天门冬、黄藤、地瓜藤、过路黄垂盆草、叶子花、藤金合欢、蛇莓、酢浆草等。

图 2-58 五叶地锦

图 2-59 蔓生叶子花

藤本植物种类中，常见的可供选择的优良树种有络石、薜荔、紫藤、木香、凌霄、金银花、山葡萄、猕猴桃、扶芳藤、爬山虎、山荞麦、光叶蔷薇、光叶子花、常春藤、常春油麻藤、彩叶长春藤、藤本蔷薇等。此外，近几年来提倡一些芳香藤本植物，如香扶芳藤、香叶金银花、红色金银花、藤蔓月季、香味凌霄等。

2.2.7.3 藤本植物的景观设计

（1）景观配置原则

① 首先要考虑其与周围环境的协调性，进行合理的配置。构图设计时，使得植物在色彩和空间大小、形式上保持协调一致，努力实现形式多样、品种丰富的综合景观效果。

② 丰富观赏效果，合理搭配。种植时，可以将草、木本混合播种，如紫藤与茑萝、地锦与牵牛。以便形成丰富的季相变化，构成远近期结合的景观形式；还可将常绿品种与开花品种相结合，营造出多样的园林景观。

③ 根据藤本植物对环境条件的不同需要选择所需的植物材料。

a. 在选择植物的种植方位时，有一定的要求。在北向墙面或构筑物前，应栽植耐阴或半耐阴的藤本植物；在东南向的墙面或构筑物前，应主要种植喜阳的藤本植物；而在高大乔木下面或高大建筑物北面，则应种植耐阴性较好的种类。

b. 根据藤本植物的观赏效果和功能要求，再结合不同种类藤本植物本身所特有的习性，努力选择并创造满足其生长的环境条件。

缠绕类藤本植物如紫藤、菜豆、牵牛、金银花等，适用于栏杆、棚架等。攀缘类藤本植物如葡萄、丝瓜、葫芦、铁线莲等，适用于篱墙、垂挂和棚架等。蔓生类藤本植物如蔷薇、爬蔓月季、木香等，适用于栏杆、棚架和篱墙等。攀附类藤本植物如爬山虎、扶芳藤、常春藤等，适用于墙面等。

c. 根据构筑物或墙面的高度来选择藤本植物：高度在2m以上的可以种植牵牛、茑萝、菜豆、爬蔓月季、常春藤、扶芳藤、铁线莲、猕猴桃等；高度在5m左右的可以种植葡萄、丝瓜、栝楼、杠柳、葫芦、木香、紫藤、金银花等；高度在5m以上的可以种植山葡萄、中国地锦、美国地锦、美国凌霄等。

④ 尽量采用地栽的形式。地栽时的种植带宽度宜为50～100cm，株距50～100cm，土层厚50cm，根系距墙15cm。在用容器（种植槽或盆）栽植时，其宽度应为50cm，高度为60cm，株距为2m，而且容器底部应有排水孔。

（2）造景手法

① 点缀式　构图设计时，以观叶植物为主，观花植物作点缀，以实现丰富色彩的目的。如在紫藤中点缀牵牛、地锦中点缀凌霄等。

② 花境式　此类搭配是指应用几种植物进行错落配置，即在观花植物中穿插观叶植物，可以呈现植物株形、姿态、叶色、花期等各异的观赏景致。如在杠柳中种植茑萝、牵牛，大片地锦中种植几块爬蔓月季等。

③ 整齐式　整齐式手法体现的是有规则的重复韵律和统一的整体美，力求在花色的布局上达到艺术化，并且创造美的效果。成线成片的景观，却有着不同的花期和花色，如铁线莲与蔷薇、紫牵牛与红花菜豆、红色与白色的爬蔓月季等。

④ 悬挂式　悬挂式突出的是藤本植物的立体美，即在藤本植物覆盖的墙体上悬挂应季花木，以丰富整体的色彩。在结构设计时，需用钢筋焊铸花盆套架，并用螺栓固定，采用托架形式时应讲究艺术构图，即花盆套圈负荷不宜过重，此时应选择见效快、适应性强、管理粗放、浅根性的观花、观叶品种。在结构的布置上，讲究简洁、多样、灵活，并富有特色。

⑤ 垂吊式　垂吊式是指在墙顶、立交桥顶或平屋檐口处，放置种植槽（盆），种植一些花色艳丽或叶色多彩、飘逸的下垂植物，并让枝蔓垂吊于外，如此既充分利用了空间，又美化了环境。垂吊式在布置时，选择的材料可用单一品种，也可用季相不同的多种植物进行混

栽，如木香、蔷薇、凌霄、紫藤、牵牛地锦、菜豆等。用作垂吊式的容器，其底部应设有排水孔，并且要求式样轻巧、牢固、不怕风雨侵袭等。

（3）造景应用

① 棚架式绿化　棚架式绿化是园林中最常见、结构造型最丰富的藤本植物景观营造方式，即选择合适的材料和构件建造棚架，栽植以藤本植物，主要以观花、观果为目的，兼具遮阴的功能。用于棚架的藤本植物有紫藤、木香、丝瓜、猕猴桃、葡萄、野蔷薇、炮仗花、观赏南瓜、观赏葫芦、三叶木通、鹤颈瓜等。选择棚架式绿化方式时，应选择枝叶茂密、生长旺盛、观花或观果的植物材料，而且对于大型木本、藤本植物所建造的棚架要坚固结实。在现代化的绿地中，一般多用水泥构件建成棚架。对草本的植物材料则可选择轻巧的构件来建造棚架。

一些绿亭、绿门、小型花架也同于棚架式绿化，只是相比体重较小，因此在植物选择上应偏重于枝叶细小、姿态优美、花色鲜艳的种类，如探春、叶子花、蔓长春花、铁线莲类等。

棚架式绿化多应用于庭院、公园、学校、幼儿园、医院、机关等场所，既可供观赏，又可供纳凉和休息。

② 绿廊式绿化　绿廊式绿化是指选用藤本植物种植于廊的两侧并设置相应的攀附物，使植物攀缘两侧直至覆盖廊顶形成绿廊。此类手法应用时，也可选择在廊顶设置种植槽，选植藤本植物中的一些种类，使枝蔓向下垂挂以形成绿帘形式。

绿浪的构图设计时，应选择枝叶稠密、分枝力强、生长旺盛、遮蔽效果好而且姿态优美、花色艳丽的种类，如紫藤、木通、三角花、使君子、金银花、铁线莲类、炮仗花、常春油麻藤等。

绿廊具有观赏和遮阴两种功能，多用于公司、学校、庭院、医院、机关单位、居民区等场所，既可供观赏，其廊内又可形成私密空间，以供游人入内游赏或休息。此外，在绿廊植物的养护管理过程中，切忌将藤蔓引至廊顶，以免造成侧面空虚，影响景观的效果。

③ 墙面绿化　景观设计时，将藤本植物通过诱引和固定使其爬上墙面，可以同时达到绿化和美化的效果。城市中的墙面不仅面积大，形式又多种多样，如围墙、楼房及立交桥的垂直立面等都可用藤本植物加以绿化和装饰，以此打破呆板的线条，还可吸收夏季太阳的强烈反光，烘托柔化建筑物的外观。

墙面的质地影响着藤本植物的攀附，即越是粗糙的墙面，对植物的攀缘就越有利。因此，一些较粗糙的建筑物表面可以选择枝叶较粗大的藤本种类，如地锦、薜荔、常春卫矛、凌霄、五叶地锦、美国凌霄等；而一些光滑细密的墙面则宜选用枝叶细小、吸附能力强的藤本种类，如络石、绿萝、球兰、石血、常春藤、蜈蚣藤等。有时，为了有利于藤本植物的攀缘，通常在墙面安装条状或网状的支架，并进行人工缚扎和牵引，快速地达到预期的效果。

但对于一些并无吸附能力或吸附能力弱的藤本植物，则要用胶粘、钩钉、骑马钉等人工辅助的方式来使植物附壁生长，但这种方式比较费工、费时，因此一般不宜大面积地推广。

④ 篱垣式绿化　篱垣式绿化既具有围墙或屏障的功能，又具有观赏和分割空间的作用，主要用于篱笆、栏杆、矮墙、铁丝网等处的绿化。

篱垣式的绿化结构多种多样，既有传统的木栏杆、竹篱笆或用砖砌成的镂空矮墙，也有用塑性钢筋混凝土制作而成的水泥栅栏及其仿木、仿竹形式的栅栏，更有现代的钢筋、钢管、铸铁制成的铁栅栏和铁丝网所搭制成的铁篱等。

园林景观中，利用藤本植物爬满篱垣栅栏形成绿篱、绿栏、绿墙、花墙等，不仅具有良好的生态效益，又可使篱笆或栏杆显得自然和谐，而且色彩丰富、生机勃勃。由于篱垣的高度一般都较矮，因此对植物材料攀缘能力的要求不是很高，几乎所有的藤本植物都可用于此类绿化，但在具体的应用时，应根据不同的篱垣类型来选用更为适宜的植物材料。如竹篱、小型栏杆、铁丝网等轻巧构件，宜选用一些茎柔叶小的草本种类，像茑萝、香豌豆、牵牛花、打碗花、月光花、海金沙等；而普通的矮墙、钢架等则有更多的植物可供选择，当然除了可用草本材料外像探春、云实、凌霄、野蔷薇、使君子、甜果藤、软枝黄蝉、炮仗藤、藤本月季等均可应用。

⑤ 立柱式绿化　城市的立柱包括灯柱、廊柱、电线杆、立交桥立柱、高架公路立柱等，而立柱的绿化可以选用吸附类和缠绕类的藤本植物，如络石、金银花、常春藤、五叶地锦、三叶木通、南蛇藤、扶芳藤、蝙蝠葛、软枣猕猴桃、南五味子、常春油麻藤等，对古树的绿化应选用观赏价值高的种类如紫藤、凌霄、美国凌霄、素方花、西番莲等。然而，由于立柱多处于污染严重、土壤条件差的地段，因此在选用藤本植物时应注意其生长习性，尽量选择那些适应性强、抗污染能力强的种类，才会有利于形成良好的景观效果。

此外，园林中的树干也可作为立柱进行绿化，并且一些枯树绿化后可以给人一种老树生花、枯木逢春的感觉，景观效果非常的独特。

⑥ 阳台、窗台及室内绿化　作为城市及家庭绿化的重要内容，阳台、窗台及室内绿化多选用枝叶纤细、体量较轻的植物材料，如茑萝、丝瓜、苦瓜、葫芦、金银花、牵牛花、铁线莲等。在用藤本植物对阳台、窗台进行绿化时，常先用木条、绳索、竹竿或金属线材料构成一定形式的支架、网棚，设置种植槽，再选用缠绕或攀缘类藤本植物攀附其上形成绿屏或绿棚的形式。这种绿化形式也可以不设花架，直接种植探春、叶子花、常春藤、野蔷薇、藤本月季、蔓长春花等藤本植物，使其悬垂于阳台或窗台之外，也可起到绿化、美化的效果。

作为装饰室内较常采用的绿化手段之一，藤本植物在选择时，要结合室内的环境特点，宜选用体量较小、耐阴性强的种类。有些种类如茑萝、绿萝、黄金葛、球兰等，也可以盆栽放置地面，但须先在盆中预先设置立柱并使植物攀附向上生长；另外一些种类如常春藤、洋常春藤、吊兰、过路黄、金莲花、垂盆草、天门冬等也可悬吊或置于几桌、高台之上，使枝叶自然下垂，也可形成独特的绿化景观。

⑦ 山石、陡坡及裸露地面的绿化　一些藤本植物常常攀附于假山、石头上，使得山石生辉，更富自然的情趣，常用的种类有地锦、络石、薜荔、紫藤、凌霄、垂盆草、常春藤、五叶地锦等。由于陡坡地段难于种植其他植物，容易造成水土流失，因此可以利用藤本植物的攀缘、匍匐生长习性，对陡坡进行绿化，形成绿色的坡面，不仅具有一定的观赏价值，又能起到良好的固土护坡作用，有效地防止水土的流失。此类环境下经常使用的藤本植物有络石、薜荔、地锦、虎耳草、山葡萄、常春藤、钻地风、五叶地锦等。

此外，许多藤本植物还可用作地被植物，覆盖裸露的地面，如地锦、络石、紫藤、常春藤、垂盆草、铁线莲、悬钩子、蔓长春花等。因此，藤本植物还是地被绿化的好材料。

2.3 花坛造景

花坛是按照一定的形体范围或自然或规则地栽植观赏植物，形成具有艳丽色彩或图案纹样的群体植物景观。作为园林绿化的重要组成部分，花坛不但能美化和装饰环境，还能增添节日的欢乐气氛，同时具备标志宣传和组织交通的作用。

2.3.1 花坛造景的分类

2.3.1.1 花坛的分类

根据不同的原则，可以将花坛分为很多种。

(1) 按季节分

① 春花坛 春花坛可以种植石竹、芍药、金盏菊、飞燕草、风信子、郁金香等。

② 夏花坛 夏花坛可以种植蜀葵、萱草、玉簪、百合、葱兰、鸢尾、美人蕉、大丽花、唐菖蒲、矢车菊、金光菊、晚香玉、观花向日葵等。

③ 秋花坛 秋花坛可以种植百日草、荷兰菊、凤仙花、万寿菊、鸡冠花、麦秆菊等。

(2) 按花材分

① 灌木花坛 灌木花坛是指应用开花灌木配置的草花花坛，并辅助栽培少许一二年生或多年生宿根草本花卉。

② 混合花坛 混合花坛应用开花灌木同一二年生和多年生草本花卉进行混合配置。

③ 专类花坛 专类花坛应用品种繁多的同一种花卉配置，如牡丹、菊花、芍药、月季花坛等。

(3) 按空间位置分

① 平面花坛 平面花坛是指花坛表面与地面平行，主要观赏花坛的平面效果，其中包括沉床花坛和稍高出地面的花坛。

② 斜面花坛 斜面花坛是指设置在斜坡或阶地上的花坛，也可以是布置在建筑的台阶两旁或台阶上的花坛，花坛表面为斜面，同时也是主要的观赏面。

③ 立体花坛 立体花坛是指花坛向空间伸展，具有竖向景观，可以四面观赏的花坛，是一种超出花坛原有含义的布置形式。常见的造型花坛、造景花坛是立体环坛。

(4) 按花纹图案分

① 花丛花坛 花丛花坛主要由观花草本花卉组成，表现百花盛开时的群体色彩美。花丛花坛常用的植物材料有一串红、三色堇、美女樱、早小菊、鸡冠花、万寿菊等。有的独立的花丛花坛可以作为主景来应用，并与喷泉、雕塑等相结合，形成别致的园林景观。花丛花坛主要设立于广场中心、公园入口处、公共绿地中、建筑物正前方等，可美化周围的环境，且供游人观赏。

② 模纹花坛 模纹花坛主要由低矮的观叶植物和观花植物组成，表现的是植物群体所组成的复杂图案美。模纹花坛一般以斜面居多，内部图案可以为文字、徽章、图案等，主要包括毛毡花坛、浮雕花坛和时钟花坛等。模纹花坛常作为主景或标志而布置于广场、公园、街道、小区的入口处等。

③ 造型花坛 造型花坛是指以动物（如龙、凤、孔雀、熊猫等）、人物或实物（如花篮、花瓶）等形象作为花坛的构图中心，通过骨架和各种植物材料组装而成的各种主题的立体花坛。造型花坛主要用五色草附着在预先设计好的模型上，当然也可选择易于弯曲、蟠扎、修剪、整形的植物，如菊、侧柏、三角花等。

④ 造景花坛 造景花坛是指以自然景观为花坛的构图中心，通过骨架和植物材料及其他设备组装而成的山、水、桥、亭等小型山水园或农家小院等景观的花坛。

2.3.1.2 花坛的功能及应用场所

(1) 花坛的功能

① 美化功能 花坛常在园林构图中作为主景或配景，具有美化环境的作用。花坛中，各种各样盛开的花卉给现代城市增添了五彩缤纷的色彩，有些花卉还可随季节更替产生形态和色彩上的变化，可以达到很好的环境效果和欣赏及心理上的效应。因此，花坛具有协调人与城市环境的关系和提高人们艺术欣赏兴趣的作用。

② 装饰功能 花坛有时作为配景起到装饰的作用，往往设置在一座建筑物的前庭或内庭，以美化衬托建筑物。对一些硬质景观，如水池、纪念碑、山石小品等，可以起到陪衬装饰的作用，并且增加了其艺术的表现力和感染力。此外，作为基础装饰的花坛不能喧宾夺主，位置要选择合理。

③ 分隔空间功能 花坛也是分隔空间一种艺术处理手法，在城市道路设置不同形式花坛，可以获得似隔非隔的效果。一些带形的花坛则起到划分地面、装饰道路的作用，因此同时在一些地段设置花坛，既可以充实空间，又可以增添环境美。

④ 组织交通功能 在分车带或道路交叉口设立坛体可以起到分流车辆或人员的作用，从而提高驾驶员的注意力，给人一种安全感。例如在风景名胜区庐山牯岭正街路口设置的花坛，正是美化环境和组织交通的成功一例。

⑤ 渲染气氛功能 在过年、过节期间，运用具有大量有生命色彩的花卉组成的花坛来装点街景，无疑增添了节日的喜庆热闹气氛。一些著名景区中，各种花坛及花卉造型千姿百态，百花争奇斗妍，美不胜收，给景区增添了无限风光。

⑥ 生态保护功能 花卉不仅可以消耗二氧化碳，供给氧气，而且可吸收氯、氟、硫、汞等有毒物质，因此可以称得上是净化空气的“天然工厂”。此外，有的鲜花具有香精油，其芳香的气味有抗菌的作用，飘散在空气中可以杀结核杆菌、肺炎球菌、葡萄球菌等，还可以预防感冒，减少呼吸系统疾病的发生。

(2) 花坛的应用场所 花坛大多布置在广场、庭院、大门前、道路中央、两侧、交叉点等处，是园林绿地中一些重点地区节日装饰的主要花卉布置类型。

2.3.2 花坛造景植物的选择与花坛的设计

2.3.2.1 花坛植物的选择

(1) 不同类型花坛对观赏植物要求不同

① 花丛花坛 花丛花坛应用的观赏植物以草本为主，而且多用观花植物，常选用一些开花繁茂、顶生花序、花期一致且较长、植株高矮一致的花卉。有些花卉开花时花叶兼美，如美人蕉、鸢尾等，一般常用在花丛花坛的中心部分（顶子）。而一些常绿且形体比较对称整齐的乔木，如云杉、桧柏等，也可以作为花坛的顶子应用。

② 模纹花坛 由于模纹花坛的纹样要求长期稳定，观赏期要求较长，而且需要经常修剪，因此它所应用的观赏植物，最好是生长缓慢且速度一致的草本或木本植物，主要以观叶为主。

对于一些相对高大的观叶植物，可以作为模纹花坛中心的顶子来应用。

模纹花坛中，毛毡花坛应用的植物要求生长矮小、分枝密、叶子小、萌蘖性强，高度最好在10cm以下，其中五色草是最好的材料。

(2) 观赏植物观赏期长短与花坛的关系

① 物候期与花坛设计的关系　了解正确的花期，才可以进行更合理的规划。因此要求各地应该把本地栽培的观赏植物的花期进行详细的记载，必须有了3年以上的完整记录，才能作为花坛设计的依据。此外，除了了解正确的花期，还要了解植物从育苗到开花的生长期的长短，这样才能做好花坛的轮替计划。

② 植物观赏期的长短与花坛的关系

a. 永久性花坛。可维持10年或10年以上的花坛，不需要根本的改造。

b. 半永久性花坛。半永久性花坛中有两类，一类是全由常绿、花叶兼美的露地多年生花卉组成的花坛，一般3～5年更新一次，有的是每隔2年更新一次；另一类是草坪花坛中用一年生花卉重点点缀的面积很小的花纹或镶边，而且这些花卉必须随时更换，尤其当重点装饰的花卉是花叶兼美的常绿露地多年生花卉时，必须3～5年更换一次。

c. 季节性花坛。维持时间最长1年的花坛，主要由一年生的草本植物组成。

2.3.2.2　花坛的设计

(1) 设计原则　作为植物造景的一种重要应用，花坛的规划设计与其他植物造景的要求既有相似的特点又有区别。花坛设计一般应遵循如下原则。

① 主题原则　主题是花坛造景思想的体现，是神之所在。因此对于作为主景设计的花坛，应从各个方面都充分体现其特有的主题功能和目的，即美化、文化、教育、保健等多方面功能。而作为建筑物陪衬时，则应与相应的主题统一相协调，在形状、大小、色彩等方面都不应喧宾夺主。

② 美学原则　花坛的设计主要目的在于表现美，因此美是花坛设计的关键。花坛在设计时，其组成的各个部分在形式、色彩、风格等方面都要遵循美学原则。尤其是花坛的色彩布置方面，既要达到协调性，又要体现对比性。而对于花坛群的设计，则要求既统一又变化，如此才能起到花坛的装饰效果，从而在尺度上给人以更重视人的感觉，同时又能充分体现出花坛的功能和目的。

③ 文化性原则　由于植物景观本身就是一种文化的体现，因此花坛的植物搭配也不例外，它同样可以给人以不同文化的享受。花坛类型中，特别是木本花坛和混合花坛，具有永久性的欣赏作用，因为她渗透的是文化素养和情操的培养，而其主观意兴、文学趣味和技巧趣味则是不可忽视的，因为没有一定的文化素质是难以达到较高的景观效果的。

④ 花坛布置与环境相协调的原则　作为园林构图要素中的一个重要组成部分，花坛应与整个园林植物景观、建筑格调相协调、相一致，才可以得到相得益彰的效果。花坛的设计中，作为主景的花坛应丰富多彩，在各方面都要重点突出，而作为配景的花坛则应简单朴素，以免喧宾夺主。优美的植物景观与周围的环境是相辅相成的，因此花坛的形状、大小、高低、色彩等都应与园林空间环境相协调、相一致。

⑤ 因花坛类型和观赏特点而异的原则　由于花坛的类型和观赏特点有所不同，因此花坛植物的选择也不同。花坛种类中，花丛式花坛以色彩构图为主，因此宜选用开花繁茂、花期较长、花期一致、花株高度一致的花卉；而模纹花坛以图案为主，因此应选择株形低矮、分枝密、叶色鲜明、耐修剪的植物。

(2) 平面布置　作为主景也好，配景也罢，花坛与其周围的环境，即花坛和构图的其他因素之间的关系，主要有两个方面，一方面是对比，另一方面是调和。

作为主景来处理的花坛和花坛群，其外形必然是对称的，无论是单轴对称，还是多轴对称，其本身的轴线都应该与构图整体的轴线相一致。建筑物前、广场中的花坛，其纵轴和横轴应该与建筑物或广场的纵轴和横轴相重合。而在道路交叉的广场上，尤其在车行道的交叉广场上，花坛的布置首先应该不能妨碍交通，再者顾及到交通的畅通，有时花坛就只能与构图的主要轴线相重合，不能与次要轴线重合。

作为配景处理的花坛，总是以花坛群的形式出现的。最常见的配景花坛群是配置在主景的主轴两侧，而且至少是一对花坛构成的花坛群。若是遇到有轴线的主景，配景也可以是分布在主轴左右的一对连续花坛群。并且，如果是多轴对称的主景，那么配景花坛数量也就必须增加了。

然而，对于作为配景花坛的个体花坛，其外形与外部纹样就不能采用多轴对称的形式，最多也只能应用单轴对称的外形和图案，而且其对称轴不能与主景的主轴平行。例如，分布在主景主轴两侧的花坛，要求其个体本身最好不对称，但要求必须与主景主轴另一侧的个体花坛取得对称。此时强调的就是群体的对称，不是单纯个体本身的对称，因为只有这样，主轴才可以被强调起来，还可因此而加强构图不可分割的联系。

花坛构图设计时，其平面轮廓，应该与广场的平面相一致。例如，广场是正方形的，则花坛或花坛群也应该是正方形的；广场是圆形的，则花坛或花坛群也应该是圆形的；广场是长方形的，则要求花坛或花坛群不仅在外形轮廓上应该是长方形，而且花坛的长轴、短轴也应该与广场的长轴、短轴相一致。但有时候为了交通和人流的疏散，则要求花坛的长轴与广场的短轴相一致，即广场是纵长的，而花坛却是横长的，这种情况只有在不得已时才能应用，一般情况下是不允许应用的。

当直接作为喷泉、雕像群、纪念性雕像等基座的装饰时，花坛就应该处于从属的地位，并且应该应用具有简单图案的花丛花坛作为配景。此时，花丛花坛在色彩方面可以鲜艳，因为喷泉、雕像群、纪念性雕像不是在于色彩的表现，因而不会存在喧宾夺主的情况。

花坛的风格和装饰纹样，应该与周围的环境取得统一。中国式建筑物前面的花坛就应该采用中国民族形式的装饰纹样，而希腊式建筑物前面的花坛则应该选用希腊式的装饰图案。例如，在北京颐和园的扇面殿前面，若是布置应用西方图案纹样的毛毡花坛，会与古典的自然假山园林不相调和的。而在上海的鲁迅纪念馆，由于是民族形式的建筑，因此在进口处配置了一个自然式花台，显得相当调和。此外，在游人集散量太大的群众性广场、车站广场等，不宜布置过分华丽的花坛；而在装饰性的园林游憩广场、剧院、展览馆、纪念馆、文化馆、舞厅、休养疗养所等公共建筑前方，则可以设置十分华丽的花坛；而在交通量很大的街道广场上，花坛的装饰纹样同样不能十分华丽。

(3) 植物配置　在配置花坛时，要使得整个布局的色彩有宾主之分，不能完全地平均。同时，也不要采用过多的对比色，以免使得所要体现的图案给人一种混乱不清的感觉。

① 株高配合　在花坛的设计中，对花坛中各种花卉的株形、叶形、花形、花色以及株高，均应给予合理地配置，以避免颜色的重叠和参差不齐现象。设计时，花坛中的内侧植物要略高于外侧的，这样由内而外，才会显得自然、平滑过渡。但若是高度相差比较大，则可以采用垫板或垫盆的办法来弥补，以使整个花坛的表面线条十分得流畅。

② 花色协调　花卉的颜色中，暖色（显色）系一般有红、橙、黄、粉，用其所配置的花坛可以表现出欢快活泼的气氛；而冷色（隐色）系有蓝、绿、紫，用其所配置的花坛则显得庄重而肃静。此外，若是用一两种显色与一种隐色共同配置形成花坛，则往往会取得明快大方的效果。同一种颜色的花卉若能成片栽植，则会比几种颜色混合栽植显得更加明朗整齐，还能突出自然的景观。而白色花卉比较特殊，可用于任何一种栽植的条件，而且在夜间

也能显示出奇特的效果，若是与其他颜色进行混合，则更能收到不错的效果。

用于摆放花坛的花卉，不能有品种、颜色上的限制，并且在同一花坛中，花卉的颜色还应对比鲜明，互相映衬，这样才能充分展示出各自夺目的色彩。此外，同一花坛中要避免采用同一色调中不同颜色的花卉，特殊情况下可以间隔配置，并且选好过渡的花色。

③ 图案设计　设计时，花坛的图案不仅要线条流畅，而且要简洁明快。花坛所摆放的图案，还一定要采用大色块的构图，这样才可以在粗线条、大色块中突现各个品种的魅力。有时简单轻松的流线造型，也会获得令人意想不到的效果。

④ 选好镶边植物　作为花坛摆放的收笔，镶边植物选的好与坏，直接影响到整个花坛的摆放效果。镶边植物的选择根据整个花坛的风格而定，即若是花坛中是株形规整、色彩简洁的花卉，则可采用枝条自由舒展的天门冬作为镶边植物；但若是花坛中是株形较松散的花卉，而且花坛图案比较复杂，则可采用五色草或整齐的麦冬作为镶边植物，从而使得整个花坛显得协调、自然。选择好镶边植物后，配置时，要使镶边植物低于内侧的花卉，可以一圈，也可以两圈，同时宜采用整齐一致的塑料套盆作为外圈的布置。

虽是收尾之笔，但镶边植物不仅仅是陪衬而已，如果搭配得当，就如同是给花坛画上了一个完美的句号。

2.3.3 平面花坛造景

平面花坛本身除了呈简单的几何形式外，一般不修饰成具体的形体。这种花坛，在园林中最为常见，如图 2-60 所示。

2.3.3.1 平面花坛的分类

按照构图的形式，平面花坛可以分为自然式（图 2-61）、规则式（图 2-62）和混合式（图 2-63）。

图 2-60　平面花坛

图 2-61　自然式平面花坛

2.3.3.2 平面花坛种植施工

（1）整地　花坛施工过程中，整地是关键之一。翻整土地的深度一般为 35～45cm。根据花坛的设计要求，整地的目的是要整出花坛所在位置的地表形状，如平面形、锥体形、半球面形、一面坡式、龟背式等。此外，在整地时，还要拣出草根、杂物、石头等；若是土壤过于贫瘠，还应及时换土，施足基肥。同时，整地过后的花坛地面应该疏松平整，而且中心地面应高于四周地面，以避免渍水发生。

图 2-62　规则式平面花坛

图 2-63　混合式平面花坛

（2）放样　种植施工中的放样是指按设计要求整好地后，依照施工图纸上的花坛图案原点、曲线半径等，直接在上面定点放样。放样时，其最终的尺寸应该准确无误，且用灰线标明。对于一些中、小型花坛，可先用麻绳或钢丝按设计图摆好图案的模纹，然后再画上印痕撒灰线。而对于一些具有复杂图纹、连续和重复图案模纹的花坛，则可先按设计图用厚纸板剪好大样的模纹，再按模型连续标好灰线。

（3）栽植　平面花坛在栽植植株时，应按先中心后四周、先上后下的顺序进行栽植，并且尽量做到栽植的高矮一致，没有明显的间隙。对于模纹式花坛，应该先栽好图案模纹，然后再填栽空隙。花坛植株的栽植密度应根据植物的种类、栽植的方式、分蘖的习性等差异，合理确定其株行距。例如，春季用花如雏菊、金盏菊、红叶甜菜、羽衣甘蓝、福禄考、三色堇、瓜叶菊、金鱼草、虞美人、小叶石竹、郁金香、风信子、大叶石竹等，株高为 15～20cm，株行距为 10～15cm；夏、秋季用花如凤仙、孔雀草、菊花、万寿菊、矮牵牛、美人蕉、晚香玉、唐菖蒲、大丽花、百日草、矮雪轮、一串红、紫茉莉、鸡冠花、月见草、千日红、西洋石竹等，株高为 30～40cm，株行距为 15～25cm。此外，五色草的株行距一般为 2.5～5.0cm。植株在栽植时，过密过稀都不能达到丰满茂盛的艺术效果。例如，栽植过密，植株就缺少继续生长的空间，以至于互相拥挤，加上通风透光条件差，最终出现脚叶枯黄甚至霉烂的结果。而栽植过稀，植株在缓苗后出现黄土裸露而无观赏效果。

苗木在栽植好后，要及时浇足定根水，以使花苗根系和土壤之间紧密地结合，从而保证成活率。在平时，还应进行除草、剪除残花枯叶的工序，以保持花坛的整洁美观。还要及时杀灭病虫害，并补栽缺少的植株。尤其是模纹式花坛，还应经常进行适当的整形修剪，以保持图案的清晰与美观。

活动式花坛植物的栽植与平面式花坛基本相同，然而不同的是，活动式花坛的植物栽植，在一定造型的可移动容器内可以随时搬动，因此可以组成不同的花坛图案。

2.3.4　立体花坛造景

2.3.4.1　立体花坛的类型及特点

立体花坛的造型既可以是花篮、花瓶、建筑，又可以是各种动物造型、几何造型或抽象

图 2-64　立体花坛

式的立体造型等，如图 2-64 所示。立体花坛所应用的植物材料主要以四季秋海棠、五色苋等枝叶细密、耐修剪的植物为主。

作为植物造景中的一种特殊形式，立体花坛以不同色彩、质地植物材料的花、叶来构成半立体或立体的艺术造型，可以称得上是现有花卉立体装饰形式中一种最为复杂，也最能体现设计者奇思妙想的表现手法，而且也是最具视觉冲击力和感染力的花卉应用形式之一。

与平面花坛相比，立体及半立体花坛的设计以及建造均比较复杂。因此，在进行立体花坛的营造时，不仅要仔细考虑花坛的立意主题、设计理念以及造型的大小比例，还要考虑花坛本身所处的环境条件，从而选择适宜的植物材料来表达设计最终的效果。

2.3.4.2　立体花坛植物的选择

(1) 总体选择原则

① 易于造型　营建立体花坛时，首先要选取生长力强、分枝点低、结构紧密、耐修剪的植物材料，再经搭架、绑扎、修剪后，即可创造出各种生动明快、简洁大方、千姿百态、栩栩如生的优美造型。

② 易于养护　植物在经过造型后，其生长适应性会受到一定的限制，再加上高大的植物造型，也会给日常的养护带来一定的困难，因此，立体花坛所选用的植物材料要易于养护，不能太“娇”。

③ 符合时令　营建大型的植物造型都会有一定的时间要求，因此，在营建立体花坛时，在植物材料的选择方面也要考虑其时令的不同要求。

④ 经济实用　经济实用的原则即在营建的过程中，既不能一味追求高品位而使投入与产出失衡，也不能因为节约而降低造型的品位。因此，要做到既经济又实用，并且恰到好处。

(2) 观叶植物的选择原则　立体花坛的设计中，观叶植物应选择生长旺盛、分枝多、萌蘖性强、四季彩叶或绿叶的多年生草本或木本植物，常见的种类有偃柏、朱蕉、一品红、小叶黄杨、雀舌黄杨、六月雪、黄金榕、福建茶、九里香、黄金叶、吊竹梅、彩叶草、羽衣甘蓝、红苋草、洒金变叶木、细叶沿街草等。

(3) 观花植物的选择原则　选择观花植物时，尽量选择植株低矮、生长迅速、盛花期长、色彩鲜艳的多年生木本、多年生宿根草本和部分一年生宿根草本，常见种类有杜鹃、三色堇、矮牵牛、一串红、一串紫、长春花、鸡冠花、万寿菊、马缨丹、瓜叶菊、紫茉莉、矮秆美人蕉、细叶雪茄花、非洲凤仙花等。

2.3.4.3　立体花坛设计

(1) 形体设计　立体花坛的形体设计主要包括两方面，一是植物造型设计，二是用于支撑植物造型的结构设计。

① 造型设计　植物的造型设计要做到真实、自然而不做作，而且意境要深远，要使人看了之后能受到感染，引起激情。重点讲究简洁而不繁琐、明朗而不落俗套、新颖且多样。

立体花坛的目的主要是用来绿化和点缀园林空间，因此其整形修剪的造型要与环境取得统一协调性，或起到烘托的作用。此外，立体花坛的象形造型必须与周围的园林景观保持融洽，否则会破坏园林景观的和谐。例如规则的园地中可采用象形造型，而自然的山水中则不宜采用。

② 结构设计。

a. 骨架设计。作为造型的基础，立体花坛的骨架在设计方面有一定的要求。只有结构合理的骨架才能制作出好的立体花坛。

骨架设计时，首先，骨架的外形设计必须符合造型的外观形象要求，即在设计时按照植物造型的尺寸来确定骨架，而植物造型的尺寸又包括骨架尺寸和外被厚度两个部分。其次，在设计骨架时应确定外被的附着方式，而且制作的骨架还要便于施工，尤其是对于有预制组装要求的造型设计，设计时要留有便于吊运、组装、衔接的结构。再者，在进行骨架设计时，还必须进行承重和受力的重点分析，这样才可以做到既安全可靠又省材料。

b. 基础设计。作为承受上部载荷、稳定造型形体的重要结构，基础在设计时，不仅本身要有足够的强度，还不能因为受重荷而产生变形、破损，而且与它接触的地基也要有足够的承载强度。当植物造型的载荷较小时，只要不是腐殖土和回填土，只需将地基土层夯实，使之达到一定的载荷强度即可。而当植物造型底面积较小时，采用整体基础；当植物造型底面积较大或较长时，可采用独立或条形基础。若是上部载荷较重，而且造型形体所占的面积较大，则需进行地基的土质钻探，并对地基的承载力进行验算。当上部载荷较大时，需采用钢筋混凝土基础；而当上部载荷较小时，则可采用混凝土基础或砖、石基础。

(2) 色调设计。不同的观赏植物种类有着不同的色调，因此会给人以不同景观感受。植物材料的色彩必须绚丽鲜明，并且通过植物材料色彩的巧妙搭配，使得植物造型更显活力与生机。造型植物的色调配合时，若是配合适当，则会产生明快舒适的感觉；但若配合不当，则会产生杂乱无章的感觉。

2.3.4.4 立体花坛的种植与施工

(1) 立体花坛的种植

① 立架造型　立体花坛的立架外形结构一般应按照设计构图，先用建筑材料制作大体相似的骨架外形，再用泥土包住外面，最后用草或蒲包将泥固定住。立架造型设计时，有时也可以先用木棍作中柱，并固定在地上，然后再用竹条、钢丝等扎成立架，并外包泥土或蒲包。

② 栽花　立体花坛中的主体花卉材料，常采用五色草布置，所栽的小草由蒲包的缝隙中插进去。在插入之前，可以先用铁器钻一小孔，插入时草根要保持舒展，然后再用土填满缝隙，最后用手压实。花卉栽植后应及时进行修剪，并经常做外形上的整理，以防植株向上弯曲。

立体花坛的花卉栽植完后，还应保持每天喷水，一般情况下每天喷两次，天气炎热干旱时则多喷几次。而且每次喷水要细，防止冲刷损坏到花卉初苗。

(2) 立体花坛的施工　作为立体花坛应用中一个很重要的步骤，施工的时候应该考虑多方面的因素，即根据不同的地点、目的来选择用不同的立体花坛施工原则。

① 立体花坛施工的原则　立体花坛造型丰富，但不是每个造型都是随便堆积而成的，而是必须根据一定的原则进行施工。在施工过程中，必须正确权衡其造型、比例、主题等是

否与周围环境相协调，同时还要考虑其结构与施工条件的可行性，即在不影响花坛造型审美效果的前提下，力求简单合理的结构和方便易行的施工。立体花坛在施工时主要考虑以下的原则。

a. 要有鲜明的时代特征和创造个性。立体花坛的施工都要具有鲜明时代性的主题，然后根据绿化的主题需要来安排植物之间的比例关系以及其他方面的协调。立体花坛在施工时，应充分考虑花坛的宣传作用，同时不局限于主题的时代性，充分发挥施工人员的聪明才智，着力创造出具有新意的独特艺术造型。

b. 花坛施工要与环境相协调。在园林绿化中，各种植物的配置必须保持一种和谐的比例关系。例如，普通的尺度会产生自然、平和、亲切的主题；超人的尺度则会产生威严、雄伟、神圣的主题；而装饰的尺度可产生具有象征性和理想性的主题等。在不同的位置，立体花坛布置意义不同，因此立体花坛的施工要根据花坛所处的地点进行色调的合理选择。例如，节日广场布置，需要选用热烈、不同质感的花卉来布置图案；而安静休息区内的花坛，则适宜采用质感轻柔、略带冷调的花卉，如鸢尾、桔梗、宿根花亚麻等。此外，立体花坛是否设立基座，应根据其造型及周围环境的需要来决定。

c. 要注重和强调形式美的表现。美的表现并不是无规律可循，只有掌握了如何创造形式美的法则与方法，就可以在立体花坛的施工中结合各种植物自身的特点，营造出优美的图案和独特的造型。例如，均衡式的图案弥补了对称式图案过于单调、缺少变化的不足，在庄严中求得活泼和自由；而对称式的图案由于呈现出一种安静和平的美，因此给人一种稳定、有秩序、庄严肃穆的感觉。但是，对称式的造型在视觉上都是均衡的，而均衡式的造型在结构上则不一定就是对称的。

对比是人们认识事物的一个重要方法，只有对比才可以体现出变化，也只有变化才可以产生美感。因此在施工时，可以利用对比选择不同花色的植物来进行立体花坛的施工，打破原有的刻板与单调，营造出重点与高潮，但与此同时，所有的对比变化都应服从于整体的和谐统一。

② 一般施工要求　立体花坛的施工时，可以先绘制出草图，经过反复的推敲之后，再确定体量，定出主要的尺寸，并根据需要以一定的比例绘制出平面图和立面图，在必要时可以附加俯视图或断面图，再用雕塑泥或木料按照比例做成立体模型，染上一定的色彩，最后再绘制详细的结构施工图。

立体花坛在施工时，要求花坛植物在色彩、表现形式、主题思想等因素方面能与环境相协调。把握好花坛与周围环境的关系，即花坛与建筑物的关系、花坛与道路的关系、花坛与周围植物的关系。当立体花坛作为主景建造时，首先必须与主要建筑物的形式和风格取得一致性。例如，中国庭园式的建筑若是配上以线条构成的现代西方流行的几何图形和立体造型，就会失去原有的协调性，反而不能取得满意的效果。除此之外，施工时，立体花坛还必须在大小上和主建筑构成一定的比例，同时花坛的轴线还要与建筑物的轴线相协调，不能各行其道。根据建筑物的需要，立体花坛的设置可以采用对称形和自然形的布置。

此外，立体花坛的施工还要考虑花色上的搭配。主要从两个方面来考虑，一是色彩的属性，二是色彩的配合。要点是各种色彩的比例、对比色的应用、深浅色彩的运用、中间色的运用、冷暖色的运用、花坛色彩和环境色彩之间的搭配运用等。

施工完成后的立体花坛要醒目、突出，能给人一种耳目一新的感觉，可以在原来的基础上突出色彩的表现，或者是造型上的表现。立体花坛在施工时，其花卉的色彩切忌与背景颜色混淆，趋于同一色调，倘若花坛设在一片绿色树林的前面，则不妨以鲜艳的红、橙、黄或中性色彩作为装饰。

2.3.5 模纹花坛造景

2.3.5.1 模纹花坛的类型

模纹花坛表现的是植物的群体美，如图 2-65 所示。模纹花坛主要包括毛毡花坛、结彩花坛和浮雕花坛等类型。

2.3.5.2 模纹花坛的设计

图 2-65 欧式模纹花坛

(1) 植物选择 模纹花坛纹样的表现与植物的高度和形状有着密切关系，因此植物的自身特征也是选择材料时的一个重要依据。植物材料中，低矮细密的植物才能形成精美而细致的华丽图案。典型的模纹花坛材料应符合以下两个要求。

① 以生长缓慢的多年生植物为主，如白草、红绿草、尖叶红叶苋等。由于一二年生草花的生长速度各自不同，图案也不易稳定，因此可选用植株低矮的花卉（如雏菊、半支莲、香雪球、三色堇等）及草花的扦插、播种苗（如孔雀草、紫菀类、矮串红、四季秋海棠等）作为图案的点缀。

② 以株丛紧密、枝叶细小、萌蘖性强、耐修剪的观叶植物为主。通过适当的修剪可以使图案纹样更加的清晰，并能维持较长的观赏期。观花植物花期短且不耐修剪，若是使用少量作点缀，也是以低矮植株、花小而密者的效果为佳。一些枝叶粗大的观叶植物材料不仅不易形成精美的纹样，在小面积花坛上更不能适用。选择植物材料时，主要以耐移植、易栽培、缓苗快的材料为佳，还有一些矮小的植株或通过修剪可控制高在 5～10cm 的材料。

模纹花坛所使用的植物有一定的要求，由于以下三个原因，模纹花坛应用的园林植物最好是生长缓慢的多年生植物。

a. 为了始终维持图案的精确与华美，模纹花坛的纹样要求长期稳定不变。

b. 为了经济，精美的模纹花坛要求维持较为长久的观赏期。

c. 为了维持纹样的稳定性，要经常修剪植物。

而且，由于一年生植物生长太快，各种植物之间的生长速度又不一致，因此不容易形成稳定的图案。在多年生植物中，草本的、木本的均可应用，其中观叶植物要比观花植物更为合适，因为观叶植物具有较长的观赏期，还可以随时修剪，而观花植物的观赏期短，而且不能随时修剪。模纹花坛中，毛毡花坛所应用的植物，还要求植物生长矮小、分枝要密、叶子要小、萌蘖性强。但如果是观花植物，则要求花小量多。此外，毛毡花坛所应用的植物，其高度最好在 10cm 左右。因此，模纹花坛中应用最普遍的植物是矮黄杨和红绿苋，因为它们能够适合于上述各种要求。

(2) 色彩设计 模纹花坛的色彩设计中，应以图案纹样为依据，利用植物的色彩突出花坛的纹样，使之清晰而精美。例如，可以选用五色草中紫褐色小叶黑或红色的小叶红与绿色的小叶绿描出各种花纹。此外，还可以将白绿色的白草种种植在两种不同色草的界限上，突出纹样的轮廓，使得纹样更加的清新。

(3) 图案设计　模纹花坛主要突出的是内部纹样的华丽，因此植床的外轮廓可以简洁的线条为宜，也可参考盛花花坛中比较简单的外形图案。模纹花坛在图案的设计过程中，其面积不易过大，特别是平面花坛，因为面积过大的花坛在视觉上容易造成图案变形的弊病。

模纹花坛的内部纹样可较盛花花坛的精细、复杂些，但其点缀及纹样不能过于窄细。例如红绿草不可窄于 5cm，而一般的草本花卉则以栽植 2 株为限。条纹设计得过窄会不易表现图案的轮廓，只有设计得粗宽些，才会使得色彩更加鲜明，图案更加清晰。

模纹花坛的内部图案可选择性比较高，可选内容广泛。例如，可以仿照某些工艺品的花纹、卷云等，设计成毡状花纹；可以设计成名人的肖像，但其设计及施工要求均较严格，而且植物材料也要精选，以便真实地体现名人的形象，多布置在具有纪念性的园地；可以用文字或文字与纹样组合构成精美的图案，如国旗、国徽、会徽等，但此设计要严格符合一定的比例，不可任意改动，周边还可用纹样进行装饰，用材也要求整齐，以使图案更加精细，多设置于庄严的场所；可以选用花篮、花瓶、各种动物、花草、乐器、建筑小品等图案或造型，构成具有装饰性或者象征意义的图案。此外，一些机器构件如电动机等与模纹图案共同组成的各种计时器，具有一定的实用价值。常见的模纹花坛有日晷花坛、时钟花坛及日历花坛等。

a. 日晷花坛（图 2-66）。日晷花坛多设置在公园、广场中有充分阳光照射的草地或中心，其运用毛毡花坛组成日晷的底盘，并在底盘的南方立一个倾斜的指针，晴天指针的投影就可以可从早 7 时至下午 5 时指出正确的时间。

b. 时钟花坛（图 2-67）。时钟花坛是指用植物材料组成时钟表盘，在中心安置电动时钟，并且指针高出花坛之上，可以正确地指示时间的花坛，一般设在斜坡上的观赏效果比较好。

图 2-66　日晷花坛

图 2-67　时钟花坛

c. 日历花坛。日历花坛是指用植物材料组成“年”“月”“日”或“星期”等字样，并在中间留出空间，用其他材料制成具体的数字填于空位，可以每日更换的花坛。日历花坛也宜设置于斜坡上，形成较好的观赏效果。

(4) 花坛其他部分的植物设计　除边缘石外，花坛周围还常常布置边缘植物，主要是为了将五彩缤纷的花坛的图案统一起来。作为边缘设置应用的植物通常要求植株低矮、色彩单一，不作复杂的构图，多选用绿色的观叶植物如天门冬、垂盆草、麦冬类或荷兰菊、香雪球等观花植物作单色的配置。

2.3.5.3　模纹花坛种植施工

(1) 整地翻耕　模纹花坛的整地翻耕，除了按照平面花坛的要求进行外，其平整要求更高，主要是为了防止花坛出现下沉和不均匀的现象，并且在施工时应增加1～2次的镇压。

(2) 上顶子　“上顶子”是指在模纹式花坛的中心栽种龙舌兰、苏铁和其他球形盆栽植物，也有在中心地带布置高低层次不同的盆栽植物等。

(3) 定点放线　上顶子的盆栽植物种好后，先将花坛的其他面积翻耕均匀、耙平，然后按照图纸的纹样进行精确地放线。一般可以先将花坛表面等分为若干份，再分块按照图纸的花纹用白色的细沙撒在所划的花纹线上。同时，也有先用钢丝、胶合板等制成图案纹样，再用它在地表面上打样的方法。

(4) 栽植　栽植时，一般按照图案花纹采用先里后外、先左后右的顺序，先栽主要的纹样，再逐次进行其他的。如果是面积大的花坛，栽植困难，可以先搭搁板或扣匣子，然后操作人员踩在搁板或木匣子上进行栽植。栽种前，尽可能先用木槌子插好眼，再将花草插入眼内用手按实，这样做定位比较精确。栽植后的效果要求做到苗齐，而且是地面达到上横是一平面，纵看一条线。为了强调浮雕的效果，施工人员可以事先用土做出形坯来，再把花草栽到起鼓处，形成起伏状。栽植时的株行距离要视五色草的大小而定，一般要求白草的株行距离为3～4cm，大叶红草的株行距离为5～6cm，小叶红草、绿草的株行距离为4～5cm。模纹花坛的平均种植密度为每平方米栽草250～280株，最窄的纹样是栽白草不少于3行，绿草、黑草、小叶红不少于两行。此外，花坛镶边植物如香雪球、火绒子等栽植宽度为20～30cm。

(5) 修剪和浇水　修剪是保证图案花纹效果的关键所在。草栽好后可以先进行1次修剪，再将草压平，以后每隔15～20天再修剪1次。修剪的方法有两种：一是平剪，即把纹样和文字都剪平，保持顶部略高一些，边缘略低；另一种则是浮雕形，即把纹样修剪成浮雕状，中间草高于两边的。

浇水工作不仅要及时，还要仔细。除栽好后浇1次透水外，以后每天早晚应各喷1次水，以保证植株的正常需要。

2.4 草花造景

草花造景就是应用草本花卉来营造景观，充分发挥草本植物形态、色彩上的特点，配置成一幅美丽动人的画面，以供人们欣赏，如图2-68所示。色彩艳丽的草花不仅能美化环境，其散发的馥郁芳香，更能给人一种轻松愉悦之感，令人陶醉其中。

2.4.1 草花造景的功能

2.4.1.1 观赏功能

草花植物较低矮，因此具有良好的可塑性，可以大面积地应用于园林绿化中。还可利用其绚丽的花色，与乔木、灌木进行合理的搭配，形成丰富的平面和立面图案，既增加了植物的层次，又可形成一幅幅生动、具有较高观赏价值的画面，并且在色彩和季相上具有明显的变化，大大丰富了园林绿地的景观。

图2-68　城市草花造景

2.4.1.2 生态功能

草花植物可以作为地被植物或配置成花坛、花柱，以增加城市绿量，起到净化空气的作用。如矮牵牛、金鱼草等能吸收空气中的二氧化硫、氯气和氟化氢等有毒气体。此外，草花植物还具有增加空气湿度、保持水土、减少地面辐射热等良好的作用。

2.4.2 草花植物的种类

常用的草花大致可以分为两大类，即传统品种和引进栽培优良品种。传统品种应用时间长，为人们所熟悉，主要有一串红、石竹、美女樱、万寿菊、金鱼草、太阳花、美人蕉、三色堇、金盏菊等。引进栽培优良品种主要有矮牵牛、藿香蓟、矮生向日葵、非洲凤仙、杂交天竺葵等。

2.4.3 草花造景的应用形式和应用场所

草花造景按照运用的形式可以分为大面积片植、立体美化、花坛用花、草坪镶嵌等几种。立体美化的主要形式有垂直绿化装饰、吊袋、花柱、花球等；花坛用花则常采用脱盆种植进行装饰，以保证四季有花；草坪镶嵌则是在草坪的适宜位置点缀或营造花境，使草坪更富色彩和多样性。此外，还有一类新的应用方式，即草坪组花，它是采用 15 种以上的一年生和多年生草花混合而组成，其中大多数一年生草花具有自播繁衍能力，而多年生的草花则可 3～5 年不需要重新播种。由此可见，草坪组花的适应能力较强，而且建植、栽培、养护的成本很低，还具有丰富的色彩和多样的花型，在春、夏、秋季连续开花，有着较长的观赏期，因此广泛应用于道路、公园、广场、住宅小区和庭院的绿化美化等。

图 2-69 居住小区的草花造景

草花造景的应用场很多（图 2-69～图 2-71），主要有城市道路、广场、公园、居住小区、高尔夫球场、城市其他造景。

图 2-70 草花造景在广场上的应用

图 2-71 旅游区内的草花造景

2.4.4 草花造景的原则

2.4.4.1 共生、兼容原则

与其他植物景观设计一样，草花造景必须做到“景观与生态共生，美化与文化兼容”，以展现草花美丽的形态和丰富的内涵，并使人们在欣赏的同时产生意境美。为此，草花造景必须符合色彩对比、和谐、均衡和韵律的构图原则。

2.4.4.2 色彩对比原则

草花造景时，如果能在色彩的搭配上形成强烈的对比，就会给人一种强烈而醒目的美感。例如，三色堇黄、紫、白三种品种之间的搭配组合，白花绿叶的四季海棠和红花红叶的四季海棠的搭配，能让人产生强烈的视觉效果，给人一种鲜亮的美感。此外，还可利用草花色彩的差异，对比产生强烈的视觉刺激，以烘托出欢快、热烈的氛围。例如，当以红色为主的花坛摆好后，可以用金心吊兰镶边，不仅能体现出花坛的整体美，红白之间的对比更能衬托出红的鲜艳、白的淡雅。

2.4.4.3 和谐、统一原则

在注重对比原则的同时，草花造景还必须注重和谐、统一的原则。

这里所说的和谐具有两层含义，一个是指草花景观必须与周围的环境达到和谐统一，例如，要与节日会议等各种活动的内容相和谐统一，就必须选择欢快喜庆的草花植物；而扬州竹西公园曾有过成片种植的郁金香展，并点缀风车、木屋等让人仿若置身于异国的童话世界。另一个是指可以利用草花的近似性和一致性，来表达和谐的柔美之感，例如橙色万寿菊和一串红之间的搭配。

统一是指在草花造景时，在草花种类的选择上一方面要在色彩、线条、质地及比例方面有一定的差异和变化，以显示其多样性，另一方面要使它们之间形成一定的相似性，保持统一。这里所说的统一，不仅包含内部的统一，还包含外部的统一，即草花造景的艺术风格要与周围的环境相协调。例如，在杭州举行的郁金香花展，缓坡、湖岸都是成片的郁金香，加上周围清新幽雅的自然环境，到处充满着浓郁的异国风情，因此吸引了大量的游客，若是将这种郁金香展布置在苏州虎丘，就显得有点不伦不类了。

2.4.4.4 艺术原则

如同插花艺术，草花造景要遵循的艺术原则讲究的正是均衡和韵律。例如，数量繁多的草花给人一种浓重的感觉；体量小、数量少的草花组合则给人一种轻盈的感觉。在配置中，只需有意识地将草花进行一些有规律的变化，就会产生韵律感。例如，在较自然的环境中，就采用自然均衡布局；在广场、大门前摆放草花植物，就要采用像花柱、花球、花钵一般要求规整的布局形式。

园林工作者必须具有艺术审美的眼光，了解每种草花的风韵和摆放的线条比例，进行不断地思考，并掌握一些美学原理，使得草花的布置适应周围环境的大小、高矮等。

2.4.4.5 合理选择原则

不同的应用场合，选择的草花植物其生态习性不同，要求与之相适应，这样在管理上才会起到事半功倍的效果，并能节省费用。例如，在广场摆放的草花植物，因为是全光照，而且地面升温快，因此可选择一些喜光、耐干旱、管理粗放的花卉，如太阳花、万寿菊、一串

红、千日红、长春花等；室内草花的布置，就可选择一些耐阴的花卉。此外，羽衣甘蓝在低温下易着色，适合作为早春、冬季的观叶植物；而杂交天竺葵性喜日照充足，但忌炎热的环境；鸡冠花则喜高温高湿的环境，需较强的光照。

2.4.5 草花造景的应用现状

随着城市建设的不断发展，草花的应用也呈现出较好的发展趋势。然而，由于草花在城市绿化美化建设中所占的比例比较小，而且大部分地区仍限于盆栽的方式，并且临时性花坛多，永久性的花坛少，所以其应用还有待进一步的改善和提高。

传统品种依然是草花造景的主流，而且大部分的传统品种具有适应性强、种植管理容易等特点。但由于管理方面过于粗放，而且没有进行专门的制种，反而造成大部分品种性状的退化，表现出单调的花色和较差的品质。此外，受传统观念的影响，国内对草花品种的花色要求比较单调，多注重以红色或黄色为主的色系。

第3章

园林景观植物修整技巧

3.1 概述

“修剪”是指对植物的某些器官（如枝、叶、花、果等），加以剪截或疏删，以达到调节生长、开花结果目的的措施。“整形”则是指用剪、锯、捆绑、扎等手段，使植物长成具有特定形状的措施。整形是修剪树木的整体外表，修剪则是在整形的基础上继续培养和维护良好树形的重要手段，两者简称树木的“修整”。

无论是建园还是绿化，对任何一种植物，都要根据它的用途与立地条件将其修整成一定的形状，目的是使之与周围的环境相协调，更好地发挥其观赏作用。

对于一些放任生长的树木，要想通过合理的修剪使之形成一定的理想形状是很困难的。园林绿化中有不少树木的树形很乱，从未经过合理的人工整形，因此将其整形成很好的树形，就要花费一定的时间和精力。而一些早期就经过整形的树木，其树形基本稳定，由此可见，整形是幼树时期的工作。园林工作中，往往为了维持和发展较为理想的树形，以使树体高低适度、开花结果适量、结构分布合理、树势稳健、艺术观赏性较高等，需要定期地对树木进行合理的修剪。修剪时，可以短截更新有用的枝条，剪除那些干扰树形的一切无用枝条，以便随时地、不断地维持枝条的造型，同时有利于新老枝的交替生长，以使枝群能按预定的方向生长，也延长了树木的寿命，如此一来，可以最大限度地发挥其绿化、美化的作用。

从以上所述可以看出，树木的整形是目的，修剪是手段。因为整形是通过一定的修剪手段来完成的，而修剪又是在整形的基础上，根据某种树形的特定要求而进行实施的，所以二者之间紧密相关，最终的目的都是为了树木的栽培与养护。整形修剪的工作必须在土、肥、水管理的基础上进行，同时也是提高园林绿化水平不可缺少的一个技术环节。

作为一项重要的工作，整形修剪既可以培养出理想的主干、丰满的侧枝，达到树体圆满、紧凑、匀称、牢固的目的，并为培养优美的树形奠定基础；同时又能进一步改善通风透光条件，从而减少了植物的病虫害，使其健壮、高质量地生长。对于观赏树木，强调“三分种，七分养”，而整形修剪技术，就是其中一项极为重要的养护管理措施。

3.1.1 园林景观植物修整的目的

由于园林植物的生长发育特性、栽培环境和栽培目的都有所不同，因此其适当的修整也不同。总体来说，园林植物修整的目的主要有以下几点。

(1) 提高园林植物移栽的成活率　苗木在起运时，难以避免会伤害到根部，同时在苗木移栽后，受伤的根部不能及时供给地上部分充足的水分和养料，最终造成树体吸收和蒸腾的比例失调，因此，在起苗之前或起苗之后，应该适当地剪去过长根、劈裂根、病虫根，疏去徒长枝、过密枝、病弱枝，需要的话，还要适当地摘除部分叶片，尤其在大树移植时，高温季节要截去若干主、侧枝，以确保苗木栽植后能顺利成活。

(2) 美化树形　每种植物都有其自然美的树形，但从园林景点的需要来说，仅仅单纯的自然树形是不能满足园林绿化的要求的，因此必须通过适当的人工修剪整形，使得植物在自然美的基础上，体现出自然与艺术揉为一体的美。例如现代园林中规则式建筑物前的绿化，不仅需要具有自然美的树形来烘托，还需要具有艺术美的树形，换言之，是将植物修整成规则或不规则的特殊形体，以进一步地衬托出建筑物的线条美。

从树冠结构上来说，经过人工修剪整形后的植物，会具有更科学、更合理的各级枝序、分布和排列。此外，合理的修整，使得各层的主枝不仅在主干上分布有序，错落有致，还各占一定方位和空间，达到互不干扰、层次分明、主从关系明确、结构合理的效果，最终使得树形更为美观。

(3) 协调比例　园林中放任生长的植物往往树冠庞大，然而在园林景观中，由于园林植物有时只作为配景应用，或起到陪衬的作用，反而不需要过于高大。此时可以通过合理的修剪整形来做一定的调整，及时调节植物与环境之间的比例，保持它在景观中应有的位置，以便和某些景点或建筑物形成相互烘托、相互协调的关系，或者形成强烈的对比效果。例如，在建筑物窗前的绿化布置，往往要求美观大方和利于采光，因此在跟前常配置一些灌木或球形树；而与假山配植的树木，采用修剪整形的方法，是为了控制植物的高度，达到以小见大的效果，更加能衬托出山体的高大。

就植物本身来说，树冠占整个树体的比例是否得当，直接影响到树形的观赏效果。因此，合理的修剪整形，表面上是协调冠高比例，实质上是确保树木的观赏效果。

(4) 调节矛盾　城市中的市政建筑设施复杂，常常与植物发生矛盾。尤其一些行道树，常常是上有架空线，下有管道电缆线，还有地面的人流车辆等问题，合理的整形修剪可以使树枝上不挂电线，下不妨碍交通人流。

(5) 调整树势　由于环境的不同，园林植物在生长过程的生长情况也各异。例如孤植的植物，相同树龄的同一种植物不仅树冠庞大，而且主干相对低矮；而生长在片林中的植物则相反，由于上方长期接受光照，因此主体向高处生长，形成树冠瘦长、主干高大、侧枝短小的特征。为了避免以上情况的发生，可用人工修剪来控制。由于植物在地上部分的长势还与根系在土壤中吸收水分、养分多少有关，因此可以利用修剪剪掉地上部分一些没有用的枝条，使养分、水分的供应更为集中，同时有利于其他枝条及芽的生长。

此外，通过修剪还可以促进局部的生长。树木枝条的位置各异，因而枝条的生长也是有强有弱，容易造成偏冠、倒状的结果。此时，要及早通过修剪来改变强枝的先端方向，并开张角度，使其处于平缓的状态，达到减弱生长或去强留弱的效果。修剪过程中，修剪量不能过大，以免削弱树势。对于不同的树木种类，具体是“促”还是“抑”各有不同，也因修剪方法、时期和树龄等而异，既可使过旺部分弱下去，又可促使衰弱部分壮起来。

（6）保证园林植物健康生长　适当的修剪整形可以使得树冠内各层枝叶获得新鲜的空气和充分的阳光。与此同时，通过适当的疏枝，不仅增强了树体通风透光的能力，还提高了园林植物的抗逆能力、减少了病虫害发生的概率。冬季的集中修剪，主要是同时剪去病虫枝和干枯枝，既能保持绿地的清洁，又能防止病虫的蔓延，从而促使园林植物更加健康地生长。

此外，树木衰老时，可以进行重剪，主要是剪去树冠上绝大部分侧枝，或分次锯掉主枝，以刺激树干皮层内的隐芽萌发，有利于新老枝之间的更替，从而达到恢复树势、更新复壮的目的。

（7）增加开花结果量　正确的修剪可以使树体的养分集中，并使新梢生长充实，同时促进大部分的短枝和辅养枝生长成为花果枝，形成较多的花芽，从而可以达到花开满树、果实满膛的目的。此外，通过适当的修剪不仅可以调整营养枝和花果枝的比例，促使其提早开花结果，还可克服大小年的现象，从而提高树木的观赏效果。

（8）改善透光条件　自然生长的植物，往往会出现树冠郁闭、枝条密生、内膛枝细弱老化、冠内相对湿度大大增加等现象，而且给喜湿润环境病虫（介壳虫、蚜虫等）的繁殖和蔓延提供了有利的条件。此时，合理的修剪、疏枝，可以使树冠内通风透光，大大减少病虫害的发生。

（9）创造最佳环境美化效果　园林景观设计中，常常将观赏树木以孤植或群植的形式进行互相搭配造景，多配植在一定的园林空间中或建筑、山水、桥等园林小品附近，以创造出相得益彰的艺术效果。正确合理的整形修剪可以更好地控制树木的形体大小比例，达到以上目的。例如，在狭小的庭园中或假山旁配置观赏树木，然后用修剪整形的手段来控制其形体大小比例，以达到小中见大的效果。当多种树木相互搭配时，通过修剪的手法可以创造出有主有从、高低错落的别致景观。一些优美的庭园花木，经过多年的生长，就会长得繁茂拥挤，有的甚至会影响到游人的散步行走，从而失去其绿化和美丽的观赏价值，因此必须经常对其修剪整形，保持其美观与实用的作用。

3.1.2　园林景观植物修整的原则及方法

3.1.2.1　修剪与整形的原则

（1）园林绿化原则　园林绿化的不同目的，要求有不同的修剪整形，因为不同的修剪整形措施会造成不同的绿化后果。因此，园林植物修整前，必须首先明确园林绿化的目的和对该植物的要求。例如，作为桧柏而言，将它孤植在草坪上作为观赏与作为绿篱栽植，明显有完全不同的修剪整形要求，因而具体的修剪整形方法也就大相径庭。

（2）树种的生长发育习性原则　不同树种具有差异很大的生长习性，因此必须采用不同的修剪整形措施。例如，对一些喜光树种，如梅、李、桃、樱等，可采用自然开心的修剪整形方式，以易于多结果实；对于一些顶端生长势不太强、发枝力很强、易于形成丛状树冠的树种，如栀子、桂花、榆叶梅、毛樱桃等，可修剪整形成圆球形或半球形等形状，以利于生长势的调整；对于呈尖塔形、圆锥形树冠的乔木，如银杏、钻天杨、毛白杨等，由于其顶芽生长势强，枝条形成明显的主从关系，因此可采用保留中央领导干的整形方式，将其修剪整形成圆柱形、圆锥形等；对于像龙爪槐等具有曲垂而开展习性的树种，可以采用将主枝盘扎为水平圆盘状的方式，以利于树冠呈开张的伞形。

此外，植物所具有的萌芽发枝力的大小和愈伤能力的强弱都对修剪整形的耐力有着很大的影响。萌芽发枝能力很强的树种，耐修剪的次数多，如女贞、悬铃木、大叶黄杨等。而一些萌芽发枝力弱或愈伤能力弱的树种，如玉兰、枸骨、梧桐、桂花等，由于修剪耐力小，因此应只做少行修剪或轻度修剪。

（3）植物生长地点的环境条件及特点原则　景观植物的生长发育与环境条件具有密切的关系，即使园林绿化目的要求相同，而环境的条件不同，具体的修剪整形也会有所不同。例如同一种独植的乔木，在多风处，宜降低主干高度，并应使树冠适当地稀疏；在肥沃的土地处以自然式的整修修剪为佳；在瘠薄土壤处或地下水位较高处则应适当地降低分枝点，以使主枝在较低处就开始构成树冠。

3.1.2.2　园林植物的修剪方法

在园林绿化中，不同的树种具有不同的树形，而同一树种由于栽植的场所和方式不同，其要求的形状也不一样，因此可以选择不同的修剪方法来满足植物对其树形的要求。此外，还要根据园林绿化树种的生物学特性及培育的目的来确定树木的树形。

树木的枝干中，骨干枝（即主枝和主侧枝）是形成良好树冠的基础，因此骨干枝的位置和生长状况将直接影响到树冠的发育和形成。例如行道树，此类树种的培育要求具有通直的树干和能为道路遮阴的良好冠形；而庭荫树的培育则不是所有的都要求树干高大，但都必须树冠丰满，树形美观。

修剪时期和部位不同，所采用的修剪方法也会不一样。总体而言，休眠季修剪和生长季修剪所采用的修剪方法可以概括为 5 个字，即截、疏、放、伤、变。只是在生长季修剪时，由于所叫的名称变了，但方法没变，因此这 5 个字通常只有休眠季修剪时才使用。

（1）休眠季修剪的方法

① 截　截从狭义上讲是指一年生枝剪去一部分，又称“短截”。短截根据修剪的程度可以分为轻短截、中短截、重短截、极重短截和回缩，如图 3-1 所示。

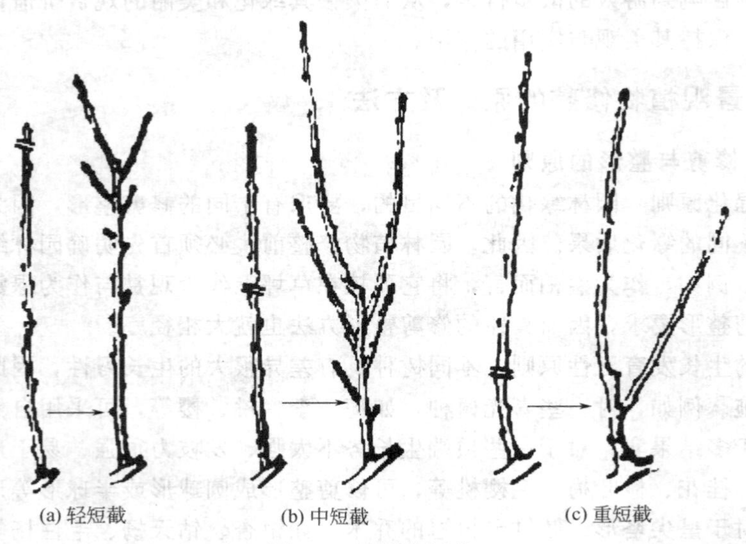

图 3-1　枝梢的短截

a. 轻短截。轻短截是指轻剪枝条的顶梢，即剪去枝条全长的 1/5～1/4，主要应用于花果类植物强壮枝的修剪。通过轻短截去掉枝条顶梢后，可以刺激其下部多数半饱满芽的萌发，既分散了枝条的养分，又促进其产生大量的短枝，同时这些短枝容易形成花芽。

b. 中短截。中短截是指剪到枝条中部或中上部饱满芽处，即剪去枝条全长的1/3～1/2，主要用于某些弱枝复壮以及骨干枝和延长枝的培养。中短截后的剪口芽强健而壮实，养分又相对集中，因此可以起到刺激其多发强旺营养枝的作用。

c. 重短截。重短截是指剪到枝条下部半饱满芽处，即剪去枝条全长的2/3～3/4，主要用于弱树、老树、老弱枝的复壮更新。重短截由于是剪掉枝条的大部分，因此刺激作用大，一般都萌发成强旺的营养枝。

d. 极重短截。极重短截是指在枝梢基部留1～2个瘪芽，其余全部剪去，主要用于树木的更新复壮。由于极重短截后的剪口芽在基部，质量较差，因此一般只能萌发出中短营养枝，但个别也能萌发旺枝。

e. 回缩。回缩又称缩剪，是指将多年生枝条剪去一部分，多用于枝组或骨干枝更新，以及控制树冠辅养枝等。

回缩具有修剪量较大、刺激较重、更新复壮的作用。缩剪反应与缩剪程度、留枝强弱、伤口大小等有关，因此回缩的结果可能是促进作用，也可能是抑制作用。如果回缩后留强的直立枝，而且伤口较小，缩剪又适度，则可促进营养生长；反之，若缩剪后留斜生枝或下垂枝，而且伤口又较大，则会起抑制生长的作用。前者多用于树木的更新复壮，即在回缩处留有生长势好的、位置适当的枝条；后者多用于控制树冠或者辅养枝。

此外，毛白杨在回缩大枝时一定要注意皮脊，皮脊即是主枝基部稍微鼓起、颜色较深的环（或半环状）。皮脊起保护的作用，即往木材里延伸形成一个膜，将枝与干分开，称之为保护颈。在剪除大枝时，要求剪口或锯口留在皮脊的外侧，留下保护颈，目的是防止微生物等侵入主干，以免造成木材朽烂，如图3-2所示。

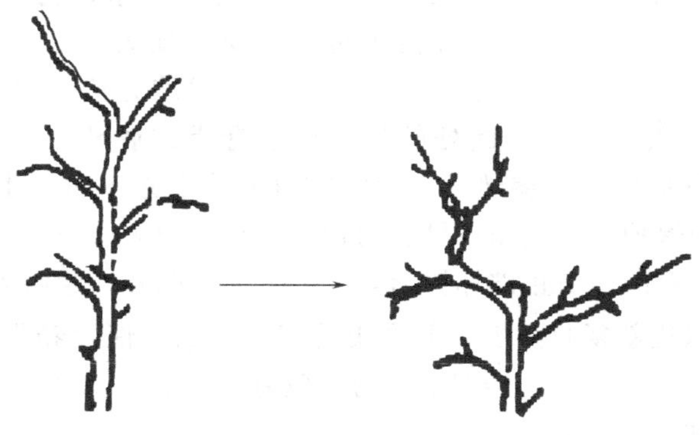

图3-2　缩剪

一般说来，短截的作用主要有以下五个。

a. 短截可以改变顶端优势的现象，故可采用“强枝短剪，弱枝长剪”的做法，来调节枝势的平衡。

b. 培养各级骨干枝主要采用短截的方法，可以控制树冠的大小和枝梢的长短。短截时，要根据空间与整形的要求，注意剪口芽的位置和方向，剪口芽要留在可以发展的、有空间的地方，而且留芽的方向要注意是否有利于树势的平衡。

c. 轻短截能刺激树木顶芽下面的侧芽萌发，使得分枝数加多，增加了枝叶量，并且有利于有机物的积累，更好地促进花芽的分化。

d. 短截比疏剪更能增强同一枝上的顶端优势，即在短截后其枝梢上下部水分、氮素分布的梯度增加，要比疏剪的明显。故强枝在过度短截后，往往会出现顶端新梢徒长，而下部新梢过弱，不能形成花枝。

e. 短截后，由于缩短了枝叶与根系营养运输之间的距离，因此便于养分的运输。根据有关数据的测定，植物在休眠季短截后，新梢内水分和氮素的含量要比对照的高，而糖类的含量则较低，充分说明了短截有利于枝条的营养生长和更新复壮。

图 3-3　树木大更新

图 3-4　树木小更新

部分果树如苹果、梨等，当其主枝选留的数量达到要求，树木又生长得较高以后，往往要进行截顶工作。园林实践中，有很多树木需要将顶尖剪除，目的是为了降低其高度。实质上，这种截顶是一种回缩更新的方法。此种回缩方法通过去掉正常树冠而改变树形，因此伤口很大，极易导致锯断处的伤口产生严重的腐朽，还有可能因为去掉枝叶而失去遮阴的功能，反而使树皮突然长期暴露在直射的阳光下而发生日灼病。因此，在剪除大枝时，对于剪口的保护，应该用石蜡、沥青、涂料等做涂抹处理；还应逐年、分期进行截顶，不能急于求成，目的是防止破坏树形与发生日灼。此外，老弱树木修剪的目的主要是以更新复壮为主，可采用重截的方法，使营养集中于少数的叶芽，以萌发壮枝。老弱树的修剪一般有“大更新”、“小更新”之分，如图 3-3 和图 3-4 所示。

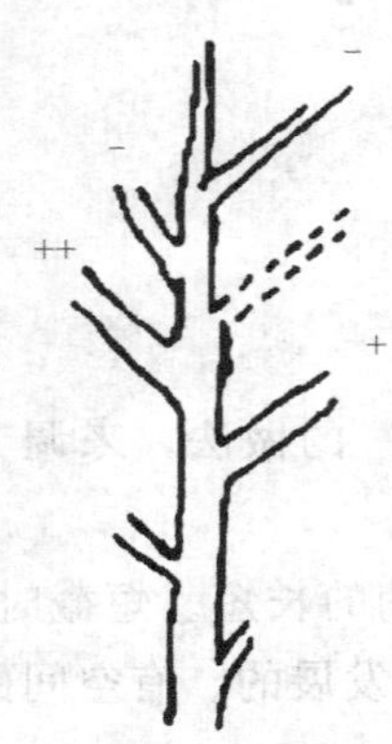

图 3-5　疏枝
++促进生长，重；
+促进生长，
轻；-削弱生长

② 疏　疏是指将一年生枝从基部剪除，又称疏剪或疏删，如图 3-5 所示。生长季所采用的抹芽、摘叶、去萌等修剪方法也属于疏的范畴。疏的主要作用如下。

a. 由于疏枝可以减少树体的总枝叶量，因此对植株的整体生长有削弱作用。与短截不同，疏剪对局部的刺激作用与枝条的着生位置有关，如对同侧剪口以下的枝条具有增强的作用，对同侧剪口以上的枝条则有削弱的作用。疏枝后会在母枝上留下伤口，反而影响了营养物质的运输。而且疏枝越多，伤口间距离就越近，而距伤口越近的枝条，上述两种作用也就越明显。因此，通常用疏枝的方法来控制枝条旺长，或者调节植株整体和局部的生长势。

b. 通过疏剪可以减少枝叶量，增强树冠内的光线，尤其是短波光增强地更多，不仅有利于组织的分化，又不利于细胞的伸长，因此可以采用疏剪的方法来减少分枝或促进花芽分化。部分观果树木，也应适当地疏枝疏叶，可以使果实更好地着色。

c. 相对于短截而言，疏剪在削弱树体和母枝生长势这方面较明显，因此常用以调节植株整体与局部的生长势。但应用到疏剪结果枝上反而会加强植株整体和母枝的生长势。

d. 为了改善树冠内的通风透光状况、增强同化作用、促进花芽分化和增加树木的观赏效果，无论何时，修剪树木首先应常规修剪，即疏除树冠上的老弱枝、伤残枝、病虫枝、枯枝、徒长枝、过密枝、交叉枝、萌蘖枝及扰乱树形的一切枝条，如图 3-6 所示。

③ 放　“放”是利用单枝生长势逐年递减的自然规律，对营养枝不剪，可分为“甩放”或“长放”。甩放的目的是促使形成花芽把握性较大，不会出现越放越旺的情况，一般多应用于长势中等的枝条。长放后由于枝条留芽多，抽生的枝条也相对增多，最终使得生长前期的养分过于分散，而多形成中短枝；但正由于生长后期所积累的养分较多，反而能促进花芽分化和结果。但长放后的营养枝，其枝条增粗比较快，尤其背上的直立枝，是越放越粗，一旦运用不妥，就会出现树上长树的现象，因此必须注意防止。丛生的花灌木多采用长放的修剪措施，例如整剪连翘时，往往在树冠的上方甩放 3～4 条的长枝，以便形成潇洒飘逸的树形，远远望过去，是随风摆动的长枝，非常好看。对与桃花、榆叶梅、西府海棠等花木的幼树，往往采取长放的措施，使该枝条迅速增粗，赶上其他枝的生长势，以便平衡树势，增强较弱枝条的生长势。对于杜鹃、迎春、金银木等花木多采用甩放的修剪方法，但在一般情况下，对于背上的直立枝不采用甩放的措施，需要甩放时必须结合运用其他的修剪措施，如扭梢、弯枝或环剥等。

④ 伤　伤通常是指用各种方法破伤枝条的皮部、韧皮部和木质部。生长季多采用伤的方法，如刻伤、扭梢、环剥、折裂和拿枝等。刻伤同时又分为目伤、横伤和纵伤。

a. 目伤。在芽或枝的上方或下方进行刻伤，由于伤口的形状似眼睛，故称为目伤，其深度以达木质部为度。在芽或枝的上方切刻时，可以促使芽的萌发，因为养分和水分受伤口的阻挡而集中于芽或枝，同时增强了枝的生长势。在整形时，往往在芽的上方采用目伤的措施，以便在理想的部位萌芽抽枝。当在芽或枝的下方切刻时，虽然会使该芽或枝生长势减弱，但由于有机营养物质的积累，反而有利于花芽的形成。此外，刻伤愈深愈宽，其作用就愈强。

b. 横伤。对树干或粗大的主枝横砍数刀，深及木质部的措施，称为横伤。横伤可以阻滞有机养分向下运输，以促使枝条充实，同时有利于花芽分化，能达到促进开花结实、丰产的目的。当枣树长期不开花结果时，可采用此法。

c. 纵伤。在枝干上用刀纵切，深达木质部的措施，称为纵伤。纵伤主要是通过减少树皮的机械束缚力，并有利于枝条的加粗生长，来增强生长势。凡是养护管理差的树木，由于其枝干增粗程度低，不足以使树皮发生龟裂，因而随着树皮的增厚而使内部组织被挤压，以致妨碍形成层的细胞分裂，同时新组织的形成也受到阻碍。对于这样的树木，纵使多施肥灌水，还是会因运送养分和水分的通路狭窄，而使肥水的效应得不到充分发挥，因此宜在施肥灌水的同时进行纵伤，以此来减小树皮的束缚力。纵伤措施多在春季开始生长前进行，实施时宜选树皮的硬化部分，粗枝可纵伤数条，小枝只需一条纵伤。

⑤ 变　变是指通过改变枝向来缓和枝条生长势的方法，在生长季和休眠季均可应用。变的方法很多，如屈枝、盘枝、弯枝、拉枝、压平等，均可以改变枝条的角度和方向，促使

常规修剪方法

老弱枝	老弱枝种类中，有的是衰老的枝条，有的是生长细弱短小的枝条，还有的是既老又小。老弱枝的生长势都很衰弱，而且合成的有机物不能达到自给自足，多数由于营养不良而不能形成花芽
伤残枝	伤残枝是由于某种原因而将枝条折断或撕裂或擦伤枝皮而形成的，无论是哪种情况，均会影响树木的正常生长，同时影响到美观效果。对于伤残枝，能救治的一定要设法救治并补偿损失，不能救治的则应及早剪除
病虫枝	病虫枝是指一些被病菌感染或遭蛀干虫害而生长不良的枝条。剪除病虫枝是为了防止病虫害的蔓延，以使树木健康地生长。例如具有日灼病的苹果、梨、花楸、樱花；具有梢霉病的针叶树；具有炭疽病的悬铃木；具有枯萎病的槭树和榆树等，在疏剪时都应从感病位置疏除。此外，部分遭小蠹虫、天牛、介壳虫等危害的枝条也应及时剪除 在病虫枝的修剪中，要特别注意病害的传播，即不要让修剪工具把病原体从感病植株上传播到健康的植株上，因此修剪过感病植株的剪、锯、斧、凿等工具的切削面必须用70%的酒精进行彻底的消毒。此外，为了防止一些寄生有机体的传播，还应避免在叶面有露水或雨水的情况下修剪
枯枝	枯枝是指因多种原因而致干枯死亡的枝条。枯枝的剪除可以使树木呈现出健康、整洁的外貌，同时是为了观赏与卫生的要求
徒长枝	徒长枝是指从植株的基部或茎干上的某一部位抽生的直立性枝条。徒长枝枝条粗大，节间长、芽小，生长特别旺盛，叶片大而薄、含水量多，组织不充实。在疏剪时，如果树冠上有位置，可以将其控制改造成枝组；但若是对原有的树形起破坏作用则要及早疏除
过密枝	产生过密枝通常是由于芽的萌发力强而使树冠内的小枝生长过多，导致拥挤而杂乱所形成的。过密枝枝条强弱不均，大多会使养分分散，因此应根据需要来疏除弱枝充实。在疏剪时，如果树冠上有位置，可以将其控制改造成枝组；但若是对原有的树形起破坏作用则要及早疏除
交叉枝	交叉枝不但影响枝条的生长，而且使枝条紊乱，最终影响整个植株的美观
萌蘖枝	萌蘖枝是指从根或干上由不定芽萌发抽生的枝条。萌蘖枝一般成丛生状，数量较多，因此如果不用来更新复壮或填补株丛空缺，就一定要全部自基部进行疏除。萌蘖枝的处理方法主要取决于它的数量、大小以及树木的种类，还有在树上的位置及其形成原因等。萌蘖枝生长势强，而且消耗大量的营养，因此若是不剪除则会使植株抽生的枝梢短而少，严重影响到植株的生长势。一般来说，任何行道树或观赏乔木等主干上的萌条都应该疏除。在对树木中干或大枝强度的更新时，会发生许多萌蘖枝，此时，除了选留主要的培养枝外，还应保留适当数量的其他枝条做以后的处理，目的是遮阴保护树皮，避免其发生日灼现象

图 3-6 常规修剪方法

先端优势转位。

在变的措施中，采用弯枝的方法可以加大分枝的角度，同时减少了枝条上下端的生长势差异，防止发生枝条下部光秃现象。树木弯枝时，对骨干枝弯枝具有扩大树冠、缓和生长、充分利用空间、改善光照条件、促进开花结果等作用。在树木造型应用中，采用弯枝的方法可以将树木整剪成各种各样的动物形体，如熊、孔雀、大象、松鼠等，也可整剪成一些非几何形体式。

运用“变”的措施时，不能单纯地只用一种方法，而是将几种方法综合应用，这样才能取得预期的效果。

上面介绍了几种在休眠季修剪时采用的修剪方法，以下是生长季的修剪方法介绍。

（2）生长季的修剪方法

① 摘心（图 3-7） 摘心俗称卡尖或捏尖，是指将新梢顶端摘除的技术措施。摘心的作用如下。

图 3-7 摘心

a. 促进花芽分化。由于摘心后养分不能再大量地流入新梢顶端，而是集中在下部的叶片和枝条内，因此可以通过摘心来改变营养物质运输的方向，促进花芽分化和坐果。

b. 促进分枝。由于植物摘心后改变了顶端优势，促使下面的侧芽萌发，因此增加了分枝。枝条叶腋中的芽由于受到顶芽合成的高浓度生长素的影响，而使生长受阻或不能萌发。然而摘心后由于去除了顶端的生长点，使得生长素的来源减少，供应腋芽的细胞激动素含量增加，营养供应增加，因此引起腋芽萌动加强。同时，在摘心时同时摘除幼叶，可以使赤霉素的含量也减少，更有利于腋芽的萌发和生长。此外，其结果促使二次梢的抽生，最终达到快速成形的目的。

c. 促使枝芽充实。适时摘心，可以使下部的枝芽得到足够的营养，使枝条生长充实，芽体饱满，从而有利于提高枝条的抗寒力和花芽的发育。

d. 增加分枝数。适时的摘心不仅能增加分枝数，还能增加分枝级次，更有利于提早形成花芽。此外，还可以利用摘心来延长花期。例如夏秋开花的木槿、紫薇、兰香草等，可对其部分新梢进行摘心，另一部分则不摘心。摘心的部分可以提前形成花芽开花，而不摘心的部分则正常花期开花，这样可以延长整个植株花期 15～20 天；而对于早开花的枝条花后进行修剪又可发生新枝开花，也可延长花期 10～20 天，由此可见，利用摘心技术可以使整个花期延长很多。摘心措施的实施，首先要保证有足够叶面积；其次要在急需养分的关键时期才能进行，不宜过早或过迟。

摘心多用于花木的整剪，还常用于草本花卉上。例如园林绿化中较常应用的草本花卉，大丽花经过摘心可以培育成多本大丽花；大丽菊要想达到一株可着花数百朵乃至上千朵，必须经过无数次的摘心才可以；在一串红小苗出现 3～4 对真叶时进行摘心，可以促其生出 4 个以上的侧枝，从而使一串红植株饱满匀称，如此才能更好地布置花坛和花径。

② 抹芽和除梢（图 3-8） 抹芽又称除芽，是指将多余的芽在萌发后及时从基部抹除。除梢是指在萌芽抽生成嫩枝时，将其剪除或掰除。抹芽和除梢不仅可以改善树冠内通风透光与留下芽的养分供应状况，以增强其生长势，还可以避免冬季修剪所造成的过多过大的伤

图 3-8　除梢

口。例如，对于行道树，会在每年夏季对主干上萌发的隐芽进行抹除，这样做一方面是为了减少不必要的营养消耗，以保证行道树健壮的生长；另一方面是为了使行道树的主干通直，避免对交通的影响。有时还可将主芽抹除，目的是为了抑制顶端过强的生长势或延迟发芽期，促使副芽或隐芽的萌发。

③ 摘叶　摘叶是指带叶柄将叶片剪除。通过摘叶可以改善树冠内的通风透光条件，如观果的树木果实在充分见光后着色好，增加了果实美观程度，同时提高了其观赏效果。摘叶还有利于防止病虫害的发生，例如对枝叶过密的树冠进行摘叶。摘叶同时还具有催花的作用，例如广州在春节期间的花市上都会有几十万株桃花上市，但在此时期，并不是桃花正常的花期，原来，花农根据春节时间的早晚，在前一年的10月中旬或下旬就对桃花进行了摘叶的工作，才使得桃花在春节期间开放。还有在国庆节开花的北京连翘、令丁香、榆叶梅等春季开花的花木，也是通过摘叶法进行了催花。

图 3-9　去蘖

④ 去蘖（图 3-9）　去蘖又称除萌，是指嫁接繁殖或易生根蘖的树木。观花植物中，桂花、月季和榆叶梅在栽培养护过程中经常要除萌，目的是防止萌蘖长大后扰乱树形，并防止养分无效地消耗；蜡梅的根盘也常萌发很多萌蘖条，除萌时应根据树形来决定适当的保留部分，再及早地去掉其他的，以保证养分、水分的集中供用；而对牡丹、芍药，由于牡丹植株基部的萌蘖很多，因此除了有用的以外，其余的均应去除，而芍药花蕾比较多，可以将过多的、过小的花蕾疏除，以保证花朵大小一致。

⑤ 摘蕾、摘果　有关摘蕾、摘果，如果是腋花芽，则属于疏剪的范畴；若是顶花芽，则属于截的范畴。

摘蕾在园林中经常应用，如对聚花月季往往要摘除主蕾或过密的小蕾，目的是使花期集中，同时开出多而整齐的花朵，突出观赏效果；杂种香水月季由于是单枝开花，因此常将侧蕾摘除，目的是使主蕾得到充足的营养，以便开出美丽而肥硕的花朵；牡丹则通常在花前摘除侧蕾，以使营养集中于顶花蕾，不仅花开得大，而且色艳。此外，月季每次花后都要剪除残花，因为花是种子植物的生殖器官，如果留下残花令其结实，则植株会为了完成它最后的发育阶段，将全部的生命活力都用于养育种实上，而这个全过程一旦完成，月季的生长和发育都会缓慢下来，开花的能力也随之衰退，甚至停止开花。

摘果的应用也广泛，如丁香花若是作为观花植物应用时，在开花后应进行摘果，若是不进行摘果，由于其很强的结实能力，在果实成熟后，会有褐色的蒴果挂满树枝，非常不美观。又如紫薇，紫薇又称百日红，紫薇花谢后若不及时摘除幼果，其花期就不可能达到百日之久，而只有25天左右。

对于果树而言，摘花摘果又称疏花疏果，目的是提高品质，避免大小年现象，从而保证高产、稳产。

⑥ 折裂　折裂是指在早春芽略萌动时，对枝条施行折裂处理，目的是为了曲折枝条，使之形成各种各样的艺术造型。折裂的具体做法是：首先用刀斜向切入，在深达枝条直径的1/2～2/3处，小心地将枝弯折，然后利用木质部折裂处的斜面相互顶住，为防伤口水分过多的损失，往往会在伤口处进行包裹。

⑦ 扭梢、拿枝　扭梢是指将生长旺的梢向下扭曲，使木质部和皮层因被扭伤而改变了枝梢方向；拿枝是指用手对旺梢自基部到顶部慢慢地捏一捏，响而不折，但伤及木质部，两者都是将枝梢扭伤的措施。扭梢和拿枝不仅可以促进中、短枝的形成，有利于花芽的分化；又可以阻碍养分的运输，从而使生长势变得缓和。

⑧ 环剥　环剥即环状剥皮，是指将枝干的皮层与韧皮部剥去一圈的措施。

环剥的作用：当树木枝条进行环状剥皮后，由于进行过剥皮的枝条中断了韧皮部的疏导系统，因此破坏了植株地上部分与地下部分的新陈代谢平衡关系。而植物体内的有机营养虽然能沿着任何组织的活细胞进行转移，但是速度很慢，只有韧皮部才是有机物质沿着整个植株长距离上下迅速运输的通道。由此可见，由于环剥中断了有机物质向下运输，而暂时增加了环剥以上部位糖类的积累，并且使得生长素的含量下降，因此会抑制植物的营养生长，促进生殖的生长。同时，环剥后伤口附近的导管产生伤害性充塞体，阻碍了水分和矿质营养的上升，因此环剥还具有阻碍矿质营养元素运输的作用。此外，环剥后改变了碳/氮值，改变了地下部分的激素平衡，因此有利于花芽的形成和坐果率的提高。

采用环剥措施时，必须注意以下几点。

a. 实施环剥部位以上的枝条一定要留足够的枝叶量。

b. 易流胶、伤流过旺的树一般不能采用。

c. 由于环剥技术是在生长季应用的临时性修剪措施，而且在冬剪时要将环剥以上的部分逐渐剪除，因此在主干、中干、主枝、侧枝等骨干枝上不能应用环状剥皮的措施。

d. 环剥一般在花芽分化期、落花落果期、果实膨大期等时候应用，即以春季新梢叶片大量形成后最需要同化养分的时候。

e. 环剥不宜过宽或过窄，一般宽度在2～10mm，环剥的宽度要根据枝的粗细和树种的愈伤能力而决定。过宽则不能愈合，对树木生长不利；过窄则愈合过早，达不到环剥的目的。

f. 环剥也不宜过深和过浅，过深会伤其木质部，容易造成环剥枝条折断或死亡的结果；过浅则韧皮部残留，环剥效果不明显。

⑨ 屈枝　屈枝是指在生长季将新梢施行屈曲、绑扎或扶立等诱引技术措施。屈枝虽未损伤到任何组织，但当直立诱引时，可以增强植株的生长势；水平诱引时，则会产生中等的抑制作用，反而使组织充实，花芽易形成，或者使枝条中、下部形成强健的新梢；当向下屈曲诱引时，则有较强的抑制作用，常应用于对观赏树木造型。

⑩ 圈枝　圈枝是指在幼树整形时为了使主干弯曲或成疙瘩状，而常采用的技术措施。圈枝可以使生长势缓和，植株生长不高，并能提早开花。

⑪ 撬树皮　此方法是为了使树干某部位产生疣状隆起，好似高龄古树的老态龙钟。实

施时间，是在植株生长最旺的时期，用小刀插入树皮下轻轻撬动，以使皮层与木质部分离，经几个月后，这个部分就会呈现出疣状隆起。

⑫ 断根　断根即将植株的根系在一定范围内全部切断或部分切断。断根常用于植株的抑制栽培，由于在断根后可刺激根部发生新的须根，因此在移栽珍贵的大树或移栽山野里自生的大树时，往往会在移栽前1～2年进行断根，目的是为了在一定的范围内促发新根，非常有利于大树的移栽成活。

3.1.2.3　园林植物的整形形式

园林绿地中的植物负担着多种不同的功能任务，因此整形的形式也各有不同，但概括起来可以分为以下三类。

（1）自然式整形　自然式整形是在树木本身特有的自然树形基础上，稍加人工的调整与干预。自然式整形的树木生长良好，发育健壮，而且能充分发挥出其应有的观赏特性。自然式整形多用于庭荫树、风景树或有些行道树的整形。自然树形通常有以下几种形状。

① 扁圆形：如槐树、桃花、复叶槭等。

② 圆球形：如馒头柳、珊瑚朴、圆头椿、黄刺玫等。

③ 圆锥形：如桧柏（图3-10）、云杉、雪松等。

④ 圆柱形：如杜松、箭杆杨、钻天杨等。

⑤ 卵圆形：如银杏、苹果、毛白杨等。

⑥ 广卵形：如樟树、罗汉松、广玉兰等。

⑦ 伞形：如合欢、垂枝桃、鸡爪槭、龙爪槐、桧柏（图3-11）等。

⑧ 不规则形：迎春、连翘、沙地柏等。

（2）人工式整形　根据园林绿化的特殊要求，有时会将树木整剪成有规则的几何形体，如方的、圆的、多边形等，或是整剪成一些非规则式的各种形体，如鸟、兽等。人工式整形违背了树木生长发育的自然规律，因此抑制强度较大；而且所采用的植物材料要求萌芽力和成枝力均强，并且要及时修剪枯干的枝条，更换已死的植株，如此才能保持树木的整齐

图3-10　圆锥形桧柏

图3-11　伞形桧柏

一致。

① 几何形体式整形　几何形体式整形所采用的树种必须是萌芽力与成枝力均很强，并且耐修剪才行。此类形体在整剪时必须按照几何形体构成的规律进行，例如要想把树冠整剪成圆球形，就必须先定出半径长度及圆心的位置，之后才可以进行修剪。

② 非规则式的整形

a. 垣壁式。这种整形，首先要培养一个低矮的主干，然后在其干上左右两侧呈对称或放射性配列主枝，并使枝头保持在同一平面上。

这种整形方式在欧洲的古典式庭院中经常可以见到，其主要目的是为了垂直绿化墙面。垣壁式的整形形式比较多，常见的有 U 字形、叉形、肋骨形和扇形，如图 3-12 所示。

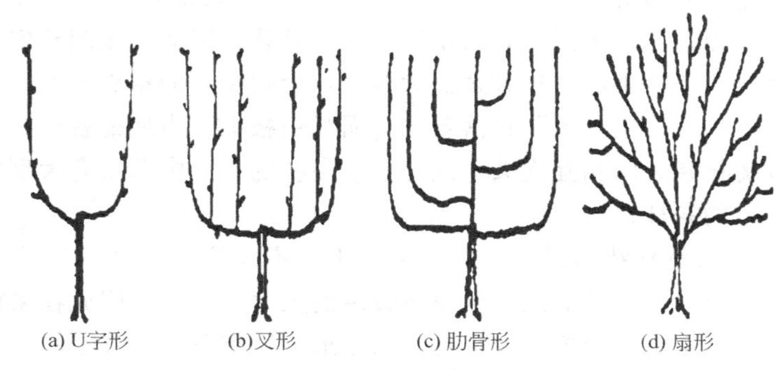

图 3-12　常见垣壁式整形方式

b. 雕塑式。这种整形方式主要视修剪者的意图、技术而定，有的是事先做成框架，然后在其上缚扎整形。特别注意的是，所做的形体要与周围的环境相协调，而且不要有过于繁琐的线条，当以轮廓简洁大方为佳。在制作时，可以采用几棵同树种、不同年龄的苗木进行拼整。养护时，要随时剪截伸出形体外的枝条，如一旦发现有枯株，应立即进行补植，这样才能始终保持整体的完美而不导致变形。

此类整形方式主要选择枝条茂密、柔软、叶形细小且耐修剪的树种，如圆柏、侧柏、榕树、冬青、女贞、迎春、榆树、枸骨、罗汉松、珊瑚树等。制作时，先是通过用铅丝、绳索等用具，采用蟠扎扭曲等手段，根据一定的物体造型，将其主枝、侧枝构成骨架，然后通过绳索的牵引将其小枝紧紧地抱合，或者直接按照仿造的物体进行细致的整形修剪，最后整剪成各种雕塑式形状。

(3) 自然与人工混合式整形　这类混合的整形方式是指修剪者根据树种的生物学特性及对生态条件的要求，将树木整剪成与周围环境协调的树形，多应用于花木类中。这种整形方式虽然是在自然树形的基础上加以人工的干预，但干预的程度影响着树木的生长发育。如有的干预程度大，对树木的生长发育就具有一定的抑制作用，而且比较费工，因此要在土、肥、水管理的基础上才能达到预期的效果。自然与人工混合式整形一般只用于观花、观枝、观果的花木类上，主要目的是为了使枝色鲜亮，花与果繁密、硕大、颜色鲜艳等。

通常的分类形式包括有中干形和无中干形两种。

① 有中干形　根据主枝配列方式，有中干形一般又可分为分层形和疏散形两种，多应用在大的乔木和果树上。

a. 分层形。在中干上，分层配列主枝，层与层之间留有一定的层间距，每层的主枝最好是临近，不要邻接，因为邻接容易在中干上形成“卡脖”现象，造成树势上弱下强的不均衡姿态。观果的树木还应注意结果枝组的培养与分布，园林中观果的苹果、梨、山楂等树种多采用此种整形方式。

b. 疏散形。与上面的分层形整形方式不同之处是，其主枝配列在中干上是随意的，不是按一定的层间距分层配列。整剪时，只要根据实际需要留一定的干高，将主枝均匀地配置在中干上，把无用的、扰乱树形的枝条一一剪除即可。这种树形实际上就是自然树形稍加人工的干预，符合树木自然发育规律，树高冠大、树势强，操作简单易行。适合应用于行道树、庭荫树、风景树和孤植树等。

② 无中干形　无中干形又可分为自然开心形、自然杯状形、多主干和多主枝形、丛球形和棚架形。

a. 自然开心形。此类树形是自然杯状形改良与发展的树形，整形方式比较容易，又符合树木的自然发育规律，生长势强，骨架牢固，立体开花，因此多被园林中干性弱、阳性强的树种采用。在制作时，所留的主枝大多数为3个，个别少数的植株也有2个或4个的。在采用自然开心形时，主枝在主干上要错落着生，而且主枝上适当地配备侧枝，同时同级侧枝要留在同方向，以免枝条之间相互交叉；此外，在主枝的背上中部留有大型的花枝组，上部和下部留有中、小型的花枝组。

b. 自然杯状形。自然杯状形最早应用在果树上，不仅违背了树木生长发育规律，使树木容易衰老，而且整形方式比较麻烦，要花费较多的人力和时间，因此在果树上早就不采用了。但在园林景观设计中，部分树木如悬铃木的整形，还有不少地方采用自然杯状形，主要是因为当地土层薄、地下水位高、多大风或是空中有较多的电线，不得已才采用此法来控制树冠。此外，园林中目前有很多观赏桃也采用自然杯状形整形，其苗木在出圃前就已经培养了很低矮的主干，而且在主干上均匀地配置三大主枝，主枝之间约为120°，同时每个主枝上根据需要选留2～3个侧枝，并要求同级侧枝留在同一方向，再在侧枝上适当选留副侧枝或花枝组。

c. 多主干形和多主枝形。无主干的称为多主干形，具有低矮主干的称为多主枝形，两种整形方式基本相同。这两种整形方式多适用于庭荫树、园路树、观花乔木等，既可形成优美的瓶状形，提早开花，又可在冬季观赏其匀称的树形和整齐的枝态。多主枝形的做法：先在苗圃期间留一个低矮的主干，并且其上均匀地配置多个主枝，再在主枝上选留外侧枝，使其形成匀称的树冠。多主干形的做法：如果不留低矮的主干，可以直接选留多个主干，其上依次递增配置主枝和侧枝。在留侧枝时一定要注意，为了避免造成树冠内的枝条杂乱无章，选留内侧枝时尽量不要产生交叉枝。

d. 丛球形。丛球形整形颇似多主干形或多主枝形，区别是主干极短或无，且留枝数多，呈丛生状。该形多用于萌芽力强的灌木类，如黄刺玫、厚皮香、珍珠梅、红花檀木、贴梗海棠等。

e. 棚架形。棚架形是藤本植物常用的整形方式，应用最多的是凌霄、紫藤、蛇葡萄及藤本月季等。棚架形在整形时首先要建立坚固的棚架或廊、亭等，然后栽植藤本植物，再根据其生长发育习性进行诱引和整剪，使其形状依赖于其支架的形式。

3.1.3 园林植物修整的时间

园林植物的修剪时间一般分为休眠季修剪（冬剪）和生长季修剪（夏剪）两个时期。

休眠季是指树木落叶后至第二年早春树液开始流动前的这段时间，北京地区在此期间最好是迟一些修剪，即在气温回升、树液开始流动前，芽即将萌动时进行，12月份至第二年2月份最佳，尤其是对一些不耐寒的树种，如木槿、紫薇等可推迟到三月中旬前后进行修剪。休眠季修剪的目的主要是培养骨架和枝组，并疏除多余的枝条和芽，以便使营养集中于少数枝与芽上，最终使新枝生长得充实。树液流动前是修剪的最好季节，因为在树液流动前修剪，伤口最容易形成愈伤组织。但也不能过早，若是修剪太早，伤口则因气温低而不易愈合，也会因气温短时间的回升，而使剪口芽萌发，萌发过早的芽又极易受到晚霜的危害。过迟也不好，在临近树液上升或萌芽时修剪会损失养分，影响树木的生长势。一些伤流较旺盛的种类，如核桃、猕猴桃、五角枫、槭树类等修剪不可过晚，否则自伤口流出大量的树液会使植株受到严重的伤害。

生长季是指自萌芽后至新梢或副梢生长停止前这段时间，一般在3～10月份。生长季的修剪根据具体情况可分为摘心、摘叶、摘果、除芽、环剥等技术措施。生长期修剪的目的是抑制营养生长，促使花芽分化。生长期的修剪宜早些，这样才可以促使早发新枝，并使新枝在越冬前具有足够的时间贮存营养，以防冻害。若是修剪时间稍晚，由于直立徒长枝已经形成，空间条件许可，因此可用摘心等方法促其抽生二次枝，用以增加开花枝的数量。

树木在年周期中的不同时期，其营养基础和器官状况不同，因此同一种树，不同时期的修剪，即使方法和修剪量完全相同，其效果也不一样。夏季由于树体贮藏的养分较少，修剪时又剪去了带叶的枝条，减少了光合产物，因此对树体的抑制较大，因此一般修剪量要从轻，以免妨碍树木整体的生长。冬季树木因处于休眠状态，贮藏的养分充足，而且芽在春季萌发时由于养分集中，枝叶生长得很快，因此冬剪越重，其贮藏的营养应用越集中，新梢生长也越旺，剪口附近长梢少而强。

常绿树木叶片中的养分含量较高，而且叶片中氮、磷、钾含量均会随叶龄增加而下降，尤其在落叶前下降最快，因此叶片的光合能力也随其老化而下降。常绿树木的修剪宜在春梢抽生前老叶最多或老叶将脱落，严寒已过的晚春时进行，因为此时一般常绿树木贮藏的养分充足，而修剪后的养分损失较少，值得注意的是，由于修剪会造成伤口，剪口芽附近组织容易产生冻伤，因此在有晚霜和“倒春寒”的地区，注意掌握好修剪的时期。

常绿花木如山茶、桂花等没有真正的休眠期，加上根与枝叶的终年活动，使得叶内营养不完全用于贮藏。剪去枝叶的同时，其中所的含养分也损失掉，这对树木生长与营养状况有较大的影响，因此，为了减少因修剪对树体产生不良的影响，修剪时不仅要控制好强度和范围，还要选择好适宜的修剪时期。

落叶树木枝条内营养物质的运转，一般在进入休眠期前即向下运送到枝干与根部，到春天再由根茎运向枝梢。在严寒后萌芽前的二月间，一二年生枝条营养物质虽然含量较少但差异并不显著。就减少养分损失而言，落叶树木的冬季修剪应在严冬以后，春季树液流动前为宜。

修剪时期除了受树种生物学特性、地区条件及劳动力的制约外，主要由营养基础和器官状况及修剪目的而定。因此，要根据具体情况进行综合分析，确定出合理的修剪时期和方法，才能获得预期的修剪效果。

3.1.3.1 修剪时间

园林植物的修剪工作，随时都可以进行，如剪枝、抹芽、摘心、除蘖等。有些植物由于伤流等原因，要求在伤流最少的时期内进行，因此绝大多数植物以冬剪和夏剪为宜。

（1）休眠期修剪　冬剪所选的时期内，植物的各种代谢水平都很低，体内养分大部分回归根部或主干，修剪后营养损失最少，且修剪的伤口不易被细菌感染腐烂，对植物生长影响较小，因此修剪的程度可以大。

由于冬季修剪对观赏树种树冠的构成、枝梢的生长、花果枝的形成等有重要的影响，因此修剪时要考虑到树龄。对幼树的修剪通常以整形为主；对观叶树通常以控制侧枝生长、促进主枝生长为目的；对花果树则重点培养构成树形的主干、主枝等骨干枝，以便早日成形，提前观花观果。

冬季寒冷地区树木的冬剪最好在早春萌芽前进行，避免剪口受冻抽干。而对一些入冬前需要防寒保护的花灌木和藤本植物，如月季、牡丹、葡萄等，可在秋季落叶后进行修剪，再埋土或做包裹防护。

冬季温暖地区的树种宜在树木落叶后到第二年树液流动前的时期进行修剪，这样剪口愈合慢，但不致受冻抽干。

在热带和亚热带地区，冬季由于树木生长较慢，因此是修剪大枝干的最佳时期。

在北方冬季严寒的地区，由于修剪后的伤口易受冻害，因此以早春修剪为宜，但不能过晚。早春修剪宜在植物根系旺盛活动之前，营养物质尚未由根部向上输送时进行，这样可减少养分的损失，而且对花芽、叶芽的萌发影响不大。对于有伤流现象的树种，如葡萄、核桃、槭类、四照花等，由于在萌发后有伤流发生，而且伤流使植物体内的养分与水分流失过多，易造成树势衰弱，甚至枝条枯死的现象，因此应在春季伤流期前修剪。例如，由于核桃在落叶后11月中旬开始发生伤流，因此应在果实采收后，叶片枯黄之前进行修剪。

（2）生长期修剪　夏剪时期，植物的各种代谢水平均较高，而且光和产物多分布于生长旺盛的嫩枝、叶、花和幼果处，因此修剪会造成大量养分的损失。这一时期的修剪程度不宜过大，因为修剪程度过大，会由于叶面积的大量减少而导致光合产物锐减，极大地减缓生长发育进程。

行道树及花果树的夏剪，主要是为了控制直立枝、徒长枝、竞争枝、内膛枝的发生和长势，以集中营养供骨干枝旺盛生长的需要。

夏剪要求修剪程度轻，因此要灵活掌握，特别注意以下一些原则。

① 春季和夏初开花的花灌木类，如蔷薇、迎春、玉兰、连翘、樱花、丁香花、榆叶梅、贴梗海棠、垂丝海棠、棣棠花等，应在花后对花枝进行短截，以促进新的花芽分化，为下一年的开花做准备。

② 夏季开花的花木，如木槿、紫薇、迎夏、金银花、珍珠梅、木本绣球等花木，在开花后期就应立即修剪，否则当年生的侧枝就不能形成新的花芽，影响来年的花量。

③ 观叶类树木如金叶女贞、小叶黄杨、红叶小檗等，在生长旺季要随时对过长的枝条进行短截，以促生更多的侧枝，避免树冠中空。而对于棕榈类树木，则应随时剪除下部衰老、枯黄、破碎的叶片。

④ 绿篱的夏季修剪主要是为了保持整齐美观，剪下的嫩枝同时可作插穗。由于常绿植物没有明显的休眠期，因此可四季修剪，但在一些冬季寒冷的地区，由于修剪的伤口不易愈合，易受冻害，一般应在夏季进行。

3.1.3.2　整形时间

因为整形工作是结合修剪工作进行的，所以除特殊情况外，整形时期与修剪时期是统一的。

3.1.4 园林植物修剪的常用方法

园林植物的整形修剪目标主要是维持或创造一个使人赏心悦目的树形结构，具体如下。

（1）徒长枝　徒长枝枝条多近直立生长，在视觉上不是很美观。但其生长能力强，若是放任不管，则会消耗掉大量的养分，造成其他枝条的发育不良。

一般在夏季进行徒长枝的修剪，夏季修剪不好时，往往会再次萌发出大量的徒长枝，因此还需要冬剪时再对徒长枝进行处理。徒长枝如果未来的发展空间，一般应完全剪除；但若是生长部位空虚，则可留 20～30cm 的长度短截，待侧枝萌发后再选留方向合适的枝条。

（2）下垂枝　与正常枝生长方向相反，下垂枝向下方伸长，影响了树形的美观和整齐。

在修剪下垂枝时，注意分清楚内芽和外芽。在靠近内芽一侧修剪，因为整理不成圆形，树形会很难看；而在靠近外芽一侧修剪，因有利于修剪成伞形，反而比较美观。

（3）重叠枝、交叉枝和内膛枝　这些枝条是指那些会造成相互之间生长空间拥挤的枝条。修剪时，如果一个枝条从距离和角度上判断会伸入其他枝条的生长空间，而造成局部空间枝条密集时，则通常把较为弱小的枝条切除掉，目的是为了使另一个强壮的枝条拥有其需要的生长空间。

（4）干扰枝　易于对建筑、其他植物或汽车和人活动等产生干扰的枝条，称为干扰枝，修剪时必须剪除。

（5）竞争枝　竞争枝是指由剪口以下第二、三芽萌发生长直立旺盛，与延长枝竞争生长的枝条。竞争枝在修剪时，应结合实际情况进行短截，以培养结果枝组，当然也可以从基部剪除或拉平作为辅养枝或者换头。

（6）枯死枝和患病枝　枯死枝和患病枝通常不会挂有树叶或果实，很可能是畸形的或树皮的颜色不正常。这些枝条在修剪时，要坚决地切除掉，不会影响到树木的健康成长。对于有些不容易辨别出来的枯死枝和患病枝，可以等到树木开花的时候，当这些枝条上没有生长任何东西，就比较容易辨别。

（7）根蘖　如果不考虑进行丛生型造型时，根蘖一般都要剪除掉，否则会影响上部枝条的正常生长。根蘖的修剪宜选择在冬季进行，而且要刨开土层，从基部剪除，否则第二年还会再长出来的。

3.1.5 园林植物修整中的技术要点及后续的处理

3.1.5.1 修剪要点

园林植物修剪时，在适宜的时期采用适当的修剪方法是必要的，注意以下技术要点。

① 剪口的形态　剪截修剪造成的伤口称为剪口，距离剪口最近的芽称为剪口芽。在修剪树木大小不同的枝条时，由于伤口差异大，因此对树木伤口的愈合有一定影响，应特别注意剪口形态的不同对伤口愈合与剪口芽生长的影响。剪口主要有四种形态，具体如下。

a. 平剪口。平剪口是指位于侧芽顶尖上方，与下部枝条呈垂直状态的剪口。平剪口创伤面小，愈合速度较快，多适用于细小枝条，且修剪技术简单易行。由于芽的另一侧在茬口较高，从下部长出的愈伤组织往上将整个伤口全部包上还需要较长时间，因此较粗枝条的伤口愈合得较慢。

b. 斜剪口。斜剪口是指剪口的斜切面应与芽的方向相反，位于芽端上方，下端与芽的腰部相齐，其上端略高于芽0.5cm。斜剪口剪口面虽然比平剪口的大，但有利于养分、水分对芽的供应，而且上下伤口的愈伤组织上下朝伤口生长，使得剪口面不易干枯而很快愈合，不仅有利于芽体的生长发育，伤口愈合后的观赏效果也较好。

c. 大斜剪口。大斜剪口一般只在削弱枝势时使用。大斜剪口的切口上端虽在芽尖上方，但下端却达芽的基部下方，因而剪口长，水分蒸发过多，不利于剪口芽的水分和营养供应，严重削弱了剪口芽的生长势，甚至导致失水死亡，而剪口芽下面一个芽却因水分和营养供应而生长势加强。

d. 留桩剪口。留桩剪口是指在剪口芽的上方留一段小桩，既可以是水平的也可以是倾斜的，目的是促进剪口芽萌发的枝条成弧形生长。留桩剪口很难愈合，可以造成养分不易进入小桩，而使剪口芽前的小桩干枯。这种剪口由于在休眠期可以避免失水而导致剪口芽削弱或干枯，避免了因失水而不利于萌发生长，因此在冬季适用于某些修剪易伤口失水的树种修剪。

② 剪口芽的位置　剪口芽的强弱和选留位置不同，其抽生的枝条强弱和姿势也不一样。即壮芽发壮枝；剪弱芽发弱枝。

如果将剪口芽萌发的枝条作为主干的延长枝培养，则剪口芽应选留能使新梢顺主干延长方向直立生长的芽。同时要与上年的剪口芽相对，即主干延长枝一年选留在左侧，另一年就要选留在右边，可以使其枝势略持平衡，避免造成年年偏向一方生长，主干延伸后成直立向上的姿势。

如果将剪口芽萌发的枝条作为主枝延长枝培养，则为了扩大树冠，宜选留外侧芽作剪口芽，如此，芽萌发后可抽生斜生的延长枝。但如果主枝过于平斜，即开张角度过大，生长势则会变弱，就要在短截时选留上芽作为剪口芽，有利于萌发抽生斜向上的新枝，从而增强生长势。

因此，在实际的修剪工作中，选留剪口芽要根据树木的具体情况而定，以选留不同部位和不同饱满程度的剪口芽进行剪截，达到平衡树势的目的。

③ 大枝的剪除　将干枯枝、病虫枝、伤残枝、无用的老枝等全部剪除时，为了尽量缩小伤口，应自分枝点的上部斜向下部剪下，残留分枝点下部突起的部分，这样伤口会不大，容易愈合，隐芽萌发也不多；但若是残留其枝的一部分，则将来留下的一段残桩枯朽会随其母枝的长大渐渐陷入其组织内，导致伤口迟迟不能愈合，也很可能成为病虫害的巢穴。

在回缩多年生大枝时，由于往往会萌生出徒长枝，因此可先行疏枝或重短截，以削弱其长势后再回缩，防止徒长枝的大量抽生。同时在剪口下留弱枝当头，既有助于生长势的缓和，又可减少徒长枝的发生。如果回缩的多年生枝较粗，则必须用锯子锯除，可从下方先浅锯伤，再从上方锯下，这样可以避免锯到半途因枝自身的重量向下而折裂，反而造成伤口过大，不易愈合。由于这样锯断的树枝，其伤口大且表面粗糙，因此还需要用刀进行修削平整，以利其愈合（图3-13～图3-16）。此外，为了防止伤口的水分蒸发或因病虫侵入而引起伤口的腐烂，还应及时涂保护剂或用塑料布包扎。

剪枝的时候，一定要求将剪口剪得与枝条平齐，且不能留桩。因为如果剪口不平，容易留茬或留桩，不但不利于伤口的愈合，还会引起干腐病的发生。

④ 不同树种的修剪

a. 在新梢顶端着生花芽，年内开花的种类，可以在萌芽前冬天到春天这一段时间内，进行较自由的修剪。

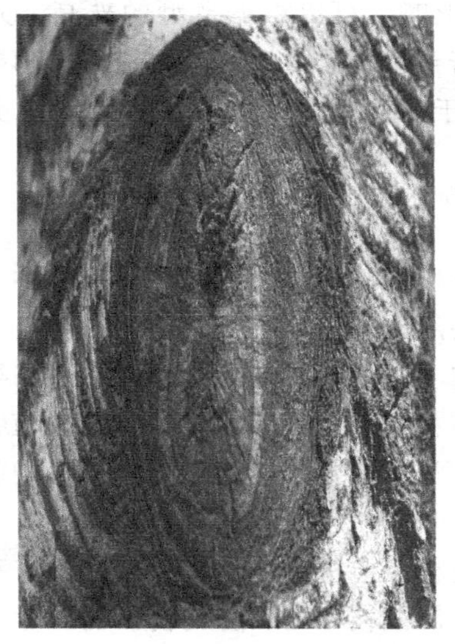

图 3-13　伤口（一）

图 3-14　伤口（二）

图 3-15　伤口（三）

图 3-16　伤口（四）

b. 在新梢顶端或叶腋内着生花芽，年内开花的种类，可在冬季到春季萌芽前和花后进行修剪。

c. 在头一年枝上形成花芽，于第二年开花的种类，可在花后进行强修剪。而且以后，只需把多余枝去掉就行。冬天则只限于辅助性的修剪。

⑤ 剪枝的要点　剪枝时，由于枝剪带有长柄的先端，因此在修剪比视线低的场所时，要把刃的内侧朝上使用；而在高的场所进行时则把刃的内侧朝下。此外，想一次就剪掉许多枝的，常常会出现漏剪枝或崩刃的现象，因此宜用刀锋的一半左右来剪。对于散球形与球形、绿篱造型，一般在 5～6 月与 9 月要进行 2 次剪枝。

剪枝时，首先要把从树冠露出的徒长枝等剪掉，然后再按操作规则去做。

a. 散球形与球形造型的修剪。当树冠的上部生长旺盛时，要进行重剪，而且侧面的要轻剪，徒长枝是随见随剪。当修剪圆锥形和圆筒形时，可以根据造型的株高，先把主干摘心，再沿预想的修剪线，从上至下把枝叶剪掉。若再出现小枝叶，就再进行修剪整形。

b. 绿篱造型的修剪。在绿篱造型修剪时，对于高出站立时胸部高度的要重剪，而其断面剪成梯形就可以，不用剪成整整齐齐的长方形。

3.1.5.2 整形技术要点

整形是修整苗木的整体形态，目的是为了保持树木均衡的树势和良好的树形，同时也保证了良好的开花结果性状。在整形时应注意以下要点。

(1) 改变分枝的角度　过强的枝条大都直立向上生长，因此着生角度较小。可以通过修剪来改善其着生角度，并削弱生长势，以达到调整枝条生长方向的目的。园林植物的整形实践中，除了对一些大枝采用拉绳、木棍支撑等方法加以调节外，还可通过在早期就正确地选留剪口芽，以便使新生枝在树冠上合理地分布。

(2) 强枝强剪，弱枝弱剪　对于生长势较弱的枝条应进行轻剪，以促使剪口芽萌发，使原来的老枝继续向前延长生长，从而保持树冠上各部位枝条的长势均衡。而对生长过强的枝条应进行重剪，目的是促使剪口下面的几个侧芽同时萌发，分散营养，以削弱原有枝条的生长势。但是对于一些生长延伸过长、中部空缺的延长大枝不要一次修剪过重，否则会刺激隐芽大量萌发，长出许多无用的徒长枝而消耗掉大量的营养，因此应当分次进行，使它们和同级枝条的长度最终保持一致。

(3) 更换中央领导枝或中央主枝　当树势较弱时，由于树冠中部或下部的侧枝大多比较稀少，叶片也寥寥无几，因此最好的选择是把乔木类树种的中央领导枝或中央主枝锯掉，以促使树冠中下部的侧芽或隐芽萌发形成丰满的树冠。这种方法又称“换头”，其既可以防止树冠中空，又能压低开花结果的部位，从而改变树冠的外貌使其向四周发展。

(4) 竞争枝的处理　竞争枝在整形时，应当选留一根生长比较正常的枝条而剪掉另外一根，以使局部树势保持平衡。

(5) 辅养枝的处理　辅养枝如果不是过分稠密或者不相互交叉干扰时，应当尽量保留它们，以便充分利用树冠当中的空膛来增加叶片面积。这样也对形成花芽、开花结果及树体的生长速度都有利。但若是过密或交叉干扰，则应以疏除为主。

3.1.5.3 剪口的保护

整形修剪时应注意尽量减小剪口创伤的面积，并且保持创面平滑、干净。

创伤面积若较大，可先用利刀削平创面，然后用2%的硫酸铜溶液消毒，再涂上保护剂，这样可以有效地防止伤口由于日晒雨淋、病菌入侵而腐烂。伤口保护剂中，效果较好的有以下几种。

(1) 液体保护剂　液体保护剂主要用松香10份、松节油1份、动物油2份、酒精6份(按质量计)配制而成。制作时，首先把松香和动物油一起放入锅内加温，待其熔化后立即停火，稍微冷却后再倒入酒精和松节油，搅拌均匀，最后倒入瓶内密封贮藏。液体保护剂适用于面积较小的创口，在使用时用毛刷涂抹即可。

(2) 保护蜡　保护蜡是用黄蜡1500g、松香2500g、动物油500g配制而成。制作时，首先把动物油放入锅中加温火熔化，再将松香粉与黄蜡放入，并进行不断搅拌至全部熔化，熄火冷凝后即成，最后取出装入塑料袋密封备用。保护蜡一般适用于面积较大的创口，使用时只需稍微加热令其软化，即可用油灰刀蘸涂。

(3) 油铜素剂　油铜素剂是用豆油 1000g、热石灰 1000g 和硫酸铜 1000g 配制而成。制作时，首先将硫酸铜、熟石灰预先研成细粉末，然后将豆油倒入锅内煮至沸热，再加入硫酸铜和熟石灰，搅拌均匀，冷却后即可使用。

理论上，所有的伤口不论大小都应消毒、涂抹，但在实际工作中，通常只对直径 5cm 以上的伤口进行涂抹保护。此外，一些小伤口，尤其是生活力弱的树木上的小伤口，由于其愈合速度慢，更容易造成腐朽。

3.1.5.4　病虫枝的处理

修剪病枝后，要对修剪工具进行消毒处理，可以用硫酸铜溶液浸泡消毒后再使用，以防交叉感染。并且，将修剪下来的病虫枝条集中焚烧，清理运走其他枝条。

3.1.5.5　伤口的处理

树木创伤有修剪和其他机械损伤及自然灾害等造成的损伤。树木的伤口有两类：一类是皮部伤口，包括外皮和内皮；另一类是木质部伤口，包括边材、心材或两种都有。木质部伤口形成于皮部伤口之后。

树木遭到损伤以后会对创伤产生一系列的保护性反应。但是，仍需要对树木的创伤进行一定的处理。若忽视早期伤口的处理，则很容易导致树木腐朽和过早死亡。树皮如同人的皮肤一样，能保护树木皮下组织。如果因修剪、冻害、日灼或其他机械损伤使树木保护层破坏，而不及时处理，促进愈合，就可能受到病原真菌、细菌和其他寄生物的侵袭，从而导致树体溃烂、腐朽，会使树木早衰，这样可以严重削弱机体的生活力，严重者甚至可能造成植株死亡。因此一旦树皮破裂，需立即对伤口进行处理，这样木腐菌及其他病虫侵袭的机会就越少。

(1) 树木自身的愈合　树木受伤后，在受损致死的细胞周围，健全细胞的细胞核会向受伤细胞壁靠近，呼吸作用增强，增加受伤组织的温度。在愈伤组织形成以后，增生的组织又开始重新分化，从而使受伤的组织逐步“恢复”正常，往外愈合生长，向内形成形成层并与原来的形成层连接，伤口被新的木质部和韧皮部覆盖。然后，由于愈伤组织的进一步增生，形成层和分生组织进一步结合，覆盖整个伤面，使树皮得以修补，恢复其保护能力。在伤口周围的形成层细胞形成愈伤组织逐渐覆盖伤口的过程称为伤口闭合过程。树木的愈伤能力与树木的种类、生活力和创伤面的大小有密切的关系。一般来说，树种越速生，愈合速度越快，生活力越强，伤口越小，愈合速度越快，反之则较慢。图 3-17、图 3-18 显示的是不同的树木伤口。

(2) 树木伤口的处理以及敷料　这种处理是为了促进愈伤组织的形成，从而加速伤口封闭从而避免病原微生物的侵染。

① 伤口修整　伤口修整属于必不可少的重要工作之一，应以不伤或少伤健康组织为原则，同时满足伤面光滑、轮廓匀称、保护树木自然防御系统的基础。

a. 损伤树皮的修整。对于树干或大枝的树皮，由于其容易遭受大型动物、人为活动、日灼、冻伤、病虫及啮齿类动物的损伤，一旦造成创伤，则要进行适当处理以促进伤口愈合。

若只是树皮受到破坏，形成层没有受到损伤，仍具有分生能力，则应将树皮重新贴在外露的形成层上，再用平头钉或橡胶塑料带钉牢或绑紧。这种情况下一般不使用伤口涂料，但应在树皮上覆盖 5cm 厚的湿润而干净的水苔，再将其用白色的塑料薄膜覆盖，上下两端再

图 3-17　树木伤口（一）

图 3-18　树木伤口（二）

用沥青涂料封严，以防水保湿。覆盖的塑料薄膜以及水苔须在 3 周内撤除。对于树皮较厚、只有表层损伤、不可阻碍形成层活动的伤口，如果立即用干净的麻布或聚乙烯薄膜覆盖，就能较快地愈合。

但是，若形成层甚至木质部损伤，则不能进行简单处理。首先应尽可能依据伤口形势的自然外形修整，顺势修整成圆形、椭圆形或者梭形，尽量避免伤及健康的形成层。当伤面的形成层陈旧时，那么应该在伤口边缘处切除枯死或松动的树皮，同样应避免伤及健康组织。若树干或大枝受冻害、灼伤或遭雷击，不易确定伤口范围，则最好等到生长季末，伤情确定时再行修整。

b. 疏剪伤口的修整。疏剪指的是从干或母枝上剪除非目的枝条的修剪方法。疏除大枝的最终切口都需在保护树干或母枝的前提下，适当贴近树干或母枝，切口要平整，绝不要留下长桩或凸出物，也不可撕裂，否则会产生积水腐烂，使伤口难以愈合。伤口的上下端不应横向平切，而应成为长径和枝干长轴平行的椭圆形或圆形，否则伤口愈合比较困难。

除此之外，为了避免伤口因愈合组织的发育形成周围高、中央低的积水盆，在修整较大的伤口时应将伤口中央的木质部整形成凸形球面，这样才能预防木质部的腐烂。

② 伤口敷料

a. 伤口敷料的作用。关于敷料的作用，目前学术界的看法不一。有人认为涂料在促进愈伤组织的形成和伤口封闭上发挥了一定的作用，但是在减轻病原微生物的感染和蔓延方面并没有很大的价值。一些研究结果发现，虽然有些涂料，如羊毛脂等的确有促进愈合体的形成的作用，不过对于防止木材寄生微生物向深层侵染的作用很小。许多涂料能刺激愈合组织的形成，但是，愈合组织的形成与腐朽过程之间并没有什么关系。树木的大伤口很少有完全封闭的，有的伤口外表好像已经封闭，不过仍可能有很细的裂缝。研究发现，过去使用的伤口涂料大多不能保持一年以上，其间经过风吹、日晒和雨淋等作用，最终都会开裂和风化。

另外，也有研究发现，涂料的性能和涂刷质量成为是否使用伤口涂料和如何发挥涂料作用的关键。优秀的伤口涂料应该既能促进愈伤组织的形成，又能对处理伤面进行消毒，避免木腐菌的侵袭和木材干裂。同时，涂料还应使用方便，并能使伤口过多的水分渗透蒸发，以保持伤口的相对干燥，且在漆膜干燥后能够抗风化、不龟裂。伤口的涂抹质量要好，漆膜薄、致密而均匀，不可漏涂或由于漆膜过厚而起泡。而在形成层区不应直接使用伤害活细胞的涂料与沥青。涂抹以后还要定期检查，发现漏涂、起泡或龟裂则应立即采取补救措施，这样方可取得较好的效果。

b. 常用的伤口涂料，见表 3-1。

表 3-1 常用的伤口涂料

序号	涂料种类	使用说明
1	伤口消毒剂与激素	通过修整后的伤口，应先用 2%～5%的硫酸铜溶液或 5%石硫合剂溶液消毒。如果再用 0.01%～0.1%的 α-萘乙酸涂抹形成层区，则会促进伤口愈合组织的形成
2	紫胶清漆	紫胶清漆无法伤害活细胞，且防水性能好，使用比较安全，常用于伤口周围树皮与边材附近的形成层区域。紫胶的酒精溶液还是一种好的消毒剂。但是，单独使用紫胶漆通常不耐久，还应同时用其他树涂剂覆盖
3	杂酚涂料	杂酚涂料是处理已被真菌侵袭的树洞内部大伤面的最佳选择。但是，因其对活细胞有害，故在表层新伤口上使用应特别小心。普通市售的杂酚是消灭和预防木腐菌最好的材料，不过，除煤焦油或热熔沥青以外，大部分涂料都不易与其黏着。像杂酚涂料一样，杂酚油对活组织也有害，一般用于心材的处理。此外，杂酚油与沥青等量混合也是涂料的一种，而且对活组织的毒性不会像单独使用杂酚油那样有害，可用以替代杂酚油
4	接蜡	接蜡在用于处理小伤面效果很好。固体接蜡是用 1 份兽油(或植物油)加热煮沸，再加入 4 份松香和 2 份黄蜡，等到充分熔化后倒入冷水配制而成的。这种接蜡用时需要加热，使用起来略显不便。液体接蜡是用 8 份松香和 1 份凡士林(或猪油)同时加热熔化以后稍微冷却，然后加入酒精至起泡且泡又不过多而发出“嗞嗞”声时，加入 1 份松节油，最后再加入 2～3 份酒精，边加边搅拌配制而成。这种接蜡一般能直接用毛刷涂抹，见风即干，使用方便
5	羊毛脂涂料	把羊毛脂作为主要配料的树木涂料，在国际上已得到了广泛的发展。羊毛脂涂料能够保护形成层和皮层组织，保证愈伤组织顺利形成和扩展
6	沥青涂料	沥青涂料的优点表现为干燥慢，较耐风化。但是，其对树体组织的毒害比水乳剂涂料大。沥青涂料的组成及其配制方法是：每千克固体沥青在微火上熔化，加入约 2500mL 松节油或石油，充分搅拌后冷却即可形成
7	房屋涂料	外墙使用的房屋涂料是由铅和锌的氧化物与亚麻仁油混合而成的，一般作为伤口涂料，涂刷效果很好。但是，房屋涂料通常不像沥青涂料那样耐久，而且对幼嫩组织有害，所以在使用前应预先涂抹紫胶漆，只将其作为外层涂料

在涂抹工作完成之后，无论涂料质量的好坏，为了保证树木涂料获得较好的效果，都应对处理伤口进行定期检查。通常情况下每年检查和重涂 1～2 次。如发现涂料起泡、开裂或剥落则应及时进行相关补救措施。在对老伤口重涂时，最好先用刷子轻轻去掉全部漆泡和松散的漆皮。重涂时，除愈合体外，其他暴露的伤面均需涂抹一次。

值得注意的是，木材干裂的大伤口是木腐菌侵袭的重要途径。此类伤口特别是木质部完好的伤口，除正常敷料外，还应将油布剪成大于伤口的小块，牢牢钉在周围的健康树皮上，这样会起到进一步防止木材开裂而导致腐朽的作用。

3.1.6 园林植物整修修剪的程序及注意事项

修剪时如果漫无程序，不假思索，不按树体构成的规律乱剪，常会将需要保留的枝条剪除，不易使树木成形。正规的修剪整形是按树体构成规律去剪，如对于非几何形体式的树形，最好先做好轮廓架子，然后用大枝条按形体的构成规律布满架面，并用小枝填补其间；而要将树剪成圆球形，则先要决定树球的上下高度，定好半径，找出球的最高中心点，然后开始从上往下进行修剪。

3.1.6.1 整形修剪程序

园林植物整修修剪的程序简单地说就是“一知、二看、三剪、四查、五处理”。

(1) 知 “知”是指修剪人员必须了解和掌握必要的操作规程、技术及其特别要求。只有了解可操作要求，才可以避免错误的发生。

(2) 看 “看”是指修剪前应对植物进行仔细观察，因树制宜地合理修剪，即要了解植物的生长习性、枝芽的发育特点、植株的生长情况、冠形特点及周围环境与园林功能，结合实际来进行整形修剪。

(3) 剪 修剪时要注意次序，如在修剪观赏树木时，首先要观察分析树势是否平衡，若是不平衡，则应分析到底是上强（弱）下弱（强），还是主枝（或侧枝）间不平衡，同时分析造成的原因，以便采用相应的修剪技术措施。若是因为枝条多，尤其是大枝多造成生长势强，则要疏除大枝。在疏枝前先要决定选留的大枝数及其在骨干枝上的位置，将无用的大枝先锯掉，因为如果是先剪小枝和中等枝条，最后从树形要求上看，会发现大枝是多余的、无用的，留下反而妨碍其他枝条的生长，又有碍树形，这时再锯除大枝时，前面的工作就等于是无效的。待大枝调整好以后再修剪小枝，宜从各主枝或各侧枝的上部起，向下依次进行。在这时特别要注意各主枝和各级侧枝的延长枝的短截长度，通过使各级同类型延长枝长度相呼应，以使枝势互相平衡，最后达到平衡树势的目的。

此外，若是几个人同时修剪一棵树，则应先研究好修剪方案，再动手去做。如果树体高大，则应有专门负责指挥的人员，以便在树上或梯子上协调配合工作，修剪时绝不能各行其是，以免造成最后将树剪成无法修改的局面。

(4) 查 “查”是指检查修剪是否合理，有无错剪与漏剪，以便最后修正或重剪。

(5) 处理 “处理”包括对剪口的处理和对剪下的枝叶、花果进行集中处理等。

3.1.6.2 安全措施

在整形修剪时，应注意以下安全措施。

① 整形修剪是一项技术性较强的工作，因此从事修剪的人员，必须要对所修剪的树木特性有一定的了解，并懂得修剪的基本知识，才能从事此项工作。

② 在不同的情况下作业，应配有相应的工具，而且要求修剪所用的工具坚固和锋利。如果修剪带刺的树木，应配有皮手套或枝刺扎不进去的厚手套，以免划破手；如果靠近输电线附近使用高枝剪修剪时，则应换成木把的，不能使用金属柄的高枝剪，以免触电。

③ 修剪时一定注意安全，尤其是上树修剪时，不仅梯子要坚固，而且要放稳，不能滑脱；有心脏病、高血压或喝过酒的人不能上树修剪；在大风时不能上树作业。

④ 修剪时不可说笑打闹，以免发生意想不到的危险事故。

⑤ 使用电动机械之前一定认真阅读说明书，并且严格遵守使用此机械时应注意的事项，不可麻痹大意。

⑥ 每个作业组，应由有实践经验的老工人担任安全质量检查员，以负责安全、技术指导、质量检查及宣传工作。

⑦ 修剪时，按规定穿好工作服、戴好安全帽、系好安全绳和安全带等。

⑧ 在高压线附近作业，要特别注意人身安全，避免触电，需要时应请供电部门配合。

⑨ 在使用高车修建前，先要检查车辆部件，而且要支放平稳。在操作过程中，要有专人检查高车情况，有问题及时处理。

3.1.7 常见园林树木修整要点

3.1.7.1 雪松

雪松属于我国最负盛名的园林风景树种之一，与日本金松、南洋杉、金钱松、北美红杉共同被誉为“世界五大观赏树”。它主干挺拔苍翠，树姿潇洒秀丽，枝叶扶疏，气势雄伟，在园林绿化上应用很广泛。也有不少人认为，雪松的树形具有天然的优美姿态，在生产过程中无须对其进行整形修剪。其实，这是不妥的，因为雪松的实生苗（种子繁殖）可以不修剪，但我国目前种源不足，扦插繁殖仍为主要的繁殖方法。凡是扦插繁殖的苗木，在生长过程中难以通过自然形成优美的树形，有的产生偏冠，有的修长欠敦壮，有的无正头等，因此影响观赏价值。

雪松主干挺直，具有突出的中央领导干，生长旺盛，大主枝不规则轮生，向四周平伸，均衡丰满，小侧枝微下垂，下部主枝长，向上依次缩短，疏密匀称，一般成塔形树冠。现把雪松的整形修剪和不良树冠的改造方法介绍如下。

（1）主干处理

① 扶正顶梢，确保主干顶端优势，促进植株高生长。

② 消除竞争枝，对主干先端的竞争枝直接清理或进行生长季控制修剪，以削弱其长势，确保主干先端的生长势。

③ 强枝换头，对主干先端生长弱的植株，进行有目的的选留、扶正竞争枝，逐步疏除弱枝，以此恢复长势。

（2）主枝处理

① 选留主枝，每层选留4～6个主枝，均匀分布在附近，每层内距离约15～25cm，层间距在50cm左右。

② 清理多余主枝，对多余的强主枝，先短截至分枝处，待来年再剪除，对于弱主枝也可直接除去。

③ 对长势强的枝条采用回缩的举措，留下长势弱的下垂枝或平侧枝。

（3）常见不良树冠的改造

① 偏冠进行引枝补空，将附近的枝条平引至空缺处，以改善偏冠。在春季发芽前，在缺空部位芽眼上方通过采用横刻的方法，深达木质部，刺激隐芽萌动，抽生枝条，弥补空缺。

② 下强上弱一般采取扶正主梢的方式，加强顶端生长优势。也可对上部去弱留强，起到复壮作用，而对下部过强枝条要采用回缩的方法加以处理。

③ 主干分叉枝的改造对主干较弱枝加以回缩、重剪，剪口下留一分生侧枝，于第二年冬季将回缩的竞争枝自主干基部疏除即可。

图3-19是修剪前后的雪松对比照片。

3.1.7.2 悬铃木

悬铃木属于悬铃木科悬铃木属落叶大乔木，合轴分枝，冠圆球形。它属于阳性树种，较耐寒，对各种土壤均有较强的适应性；属浅根性树种，应控制树冠生长，以防风倒。悬铃木发枝快，分枝多，有较强的再生能力，且树冠大，枝叶浓，是良好的行道树及庭荫树种。

悬铃木幼树时，因功能环境需要，应保留一定高度截去主梢而定干，并在其上部选留3

(a) 修剪前的雪松

(b) 工作人员正在修剪雪松

(c) 修剪后的雪松

图 3-19 雪松的修剪

个不同方向的枝条加以短截，剪口下留侧方芽。在生长期内，须及时剥芽，保证 3 大枝的旺盛生长。对于冬季可从每个主枝上选 2 个侧枝短截，以形成 6 个小枝。夏季应摘心控制生长。第二年冬季再在 6 个小枝上各选 2 个枝条短剪，则形成三主六枝十二叉的分枝造型。之后每年冬季可剪去 1/3 的主枝，保留弱小枝为辅养枝；也要剪去过密的侧枝，使其交互着生侧枝，不过侧枝长度不应超过主枝；对强枝要及时回缩修剪，以防止树冠过大、叶幕层过稀；并通过剪除病虫枝、交叉枝、重叠枝、直立枝等常规修剪。在大树形成后，每两年修剪一次，可防止种毛污染。悬铃木的修剪方法如图 3-20 所示。

3.1.7.3 桂花

露地栽植的桂花，处于北方耐受的最低温度为－5～－8℃，超过这一极限温度，桂花就会不同程度地受到冻害。桂花通常的冬眠温度为 0～5℃。因此，北方露地栽植桂花时，应选择向阳背风的地方，再加人为的防冬保护措施，能够安全越冬。桂花的冬季保护，每年要在冬至过后，人为地用草绳捆扎树干，或通过其他保暖材料将树干包裹，这样可以防止一般的冻害。在最冷的三九天，一般用透光的塑料膜将桂花的树冠包起来，注意要留透气孔，保证桂花安全度过严寒的冬季。

若地栽桂花没有采取防护措施而受冻，就要根据受冻害的程度采取一定的复壮措施。若桂花树的叶片被冻干，枝条未冻死，开春后可人为地摘去干叶，给其薄水施肥，施肥时要适量加入硫酸亚铁（调节土壤酸碱度、促进叶子叶绿色形成），导致其根部土壤环境呈酸性，

(a) 工作人员正在修剪悬铃木

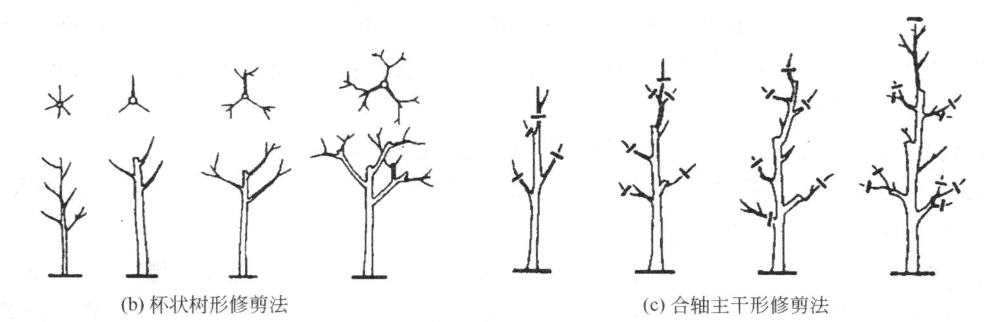

(b) 杯状树形修剪法　　　　(c) 合轴主干形修剪法

图 3-20　悬铃木修剪

有利于桂花的抽芽复壮。若枝条被冻死，要人为地剪去冻死枝条，然后再给施肥薄水，促其抽枝生芽。若整株桂花被冻死，那就要选择在嫁接口上端将冻死的树干锯掉，然后加强水肥管理，促其重新生长新枝。条件允许的话，这时最好重新移栽新桂花，这样不影响景观。挖出的桂花根，一般在温室内重点培养，形成桂花盆景。

截枝量的多少取决于树龄大小和生长势强弱。上百年的老树因生长势弱要少留枝或不留枝。生长势强的与树龄小的可适当多留些枝。在截枝时先要除去病虫枝、徒长枝和交叉枝。之后，用凡士林或波尔多液涂抹伤口，进而防止病虫危害和雨水侵蚀。

桂花萌发力强，具备自然形成灌丛的特性。它每年在春、秋季抽梢两次，如不及时修剪抹芽，很难培养出高植株，并易形成上部枝条密集、下部枝条稀少的上强下弱现象。修剪时除因树势、枝势生长不好的除短截外，一般以疏枝为主，只对过密的外围枝进行适当疏除，并剪除徒长枝和病虫枝，以改善植株通风透光条件。需及时抹除树干基部发出的萌蘖枝，防止消耗树木内的养分和扰乱树形。图 3-21 为桂花修剪的具体方法。

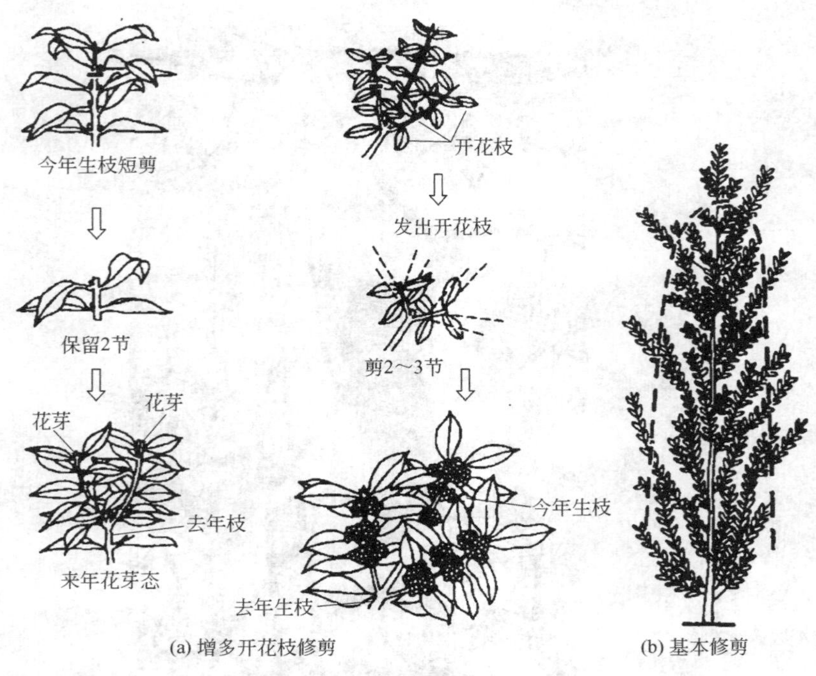

图 3-21 桂花修剪

桂花修剪属于培养单干桂花的重要措施。及时合理修剪，能使其通风透光，加强光合作用，并能减少病虫害，从而确保桂花生长快、树干直、树形美。主要的修剪措施有以下几个方面。

(1) 剥芽　桂花发芽时，主干及基部的芽也能萌发，应及时将主干下部无用的芽剥掉，使水分营养集中供给，促进上部枝条发育，形成理想树形。

(2) 疏枝、培育单干桂花　自幼苗开始就要有意识培养主干通直，保持一定的枝下高，清除无用枝条，一般成材后的桂花枝下高在 1.5m 左右。

(3) 短截、剪去徒长的顶部枝条　将桂花高度保持在 3.5m 左右，冠幅 2.5～3m。在进行移植桂花时，为了保持完整的树形，不宜强修剪，只需剪除干枯枝、病虫枝，疏除重叠枝、交叉枝、纤弱枝，对徒长枝应加以控制。

桂花根系发达，萌发力强，成年的桂花树，一年内可抽梢两次。因此，要使桂花花繁叶茂，需适当修剪，确保生殖生长和营养生长的生理平衡。一般应剪去徒长枝、细弱枝、病虫枝，以利通风透光，养分集中，保证桂花孕育更多、更饱满的花芽，则开花繁茂。

3.1.7.4　牡丹

要达到牡丹植株株形完美、生长旺盛和年年开花的目的，需通过选留主枝、修剪、抹芽等技术措施，把握好时机除去繁枝赘芽、枯枝、病虫枝，维持地上部分与地下部分的动态平衡，确保植株有均衡适量的枝条和美观的株形，使其通风透光，养分集中，才能生长旺盛，开花繁茂一致。主要措施有如下几个方面。

(1) 选留枝干　牡丹定植后，第一年任其生长，会在根颈外萌发出许多新芽（俗称土芽）；第二年春天时，待新芽长至 10cm 左右时，一般从中挑选几个生长健壮、充实、分布均匀者保留下来，作为主要枝干（俗称定股），余者全部除掉。此后，每年或隔年断续选留 1～2 个新芽作为枝干培养，以确保株丛逐年扩大和丰满。

（2）酌情利用新芽　要达到牡丹花大艳丽的效果，常结合修剪进行疏芽、抹芽工作，使每枝上保留 1 个芽，余芽除掉，并把老枝干上发出的不定芽全部清除，以使养分集中，开花硕大。每枝上最好应保留充实健壮的芽。有些品种生长势强，发枝力强且成花率高，每枝上常有 1～2 个甚至 3 个芽都能萌发成枝并正常开花，对于这些品种每枝上可适当多留些芽，确保增加着花量和适当延长花期；而某些长势弱、发枝力弱并且成花率低的品种则应坚持 1 枝留 1 芽的修剪举措。

对于开过花的植株，如不作留种，应及时剪去残花，不使其结实，以免徒耗养分。在入冬前或早春还应当剪去每枝上部枯死部分的枝梗。

对于生长势旺盛、发枝能力强的牡丹品种，一般只需剪去细弱枝，保留全部强壮枝条，对基部的萌蘖应及时清理，以保持美观的株形。在生长 2～3 年后定干 3～5 枚，其余的干全部剪除。5～6 月开花后一般将残花剪除；6～9 月花芽分化，10～11 月则缩剪枝条 1/2 左右；从枝条基部起留 2～3 枚花芽，一般适时摘除 1 枚弱花芽，以保证来年 1～2 枚开花。每年冬季需剪去枯枝、老枝、病枝、无用小枝等，如图 3-22 所示。对新定植的植株，则应在第二年春天把所有花芽全部除去，不让其开花，以集中营养促进植株的发育。

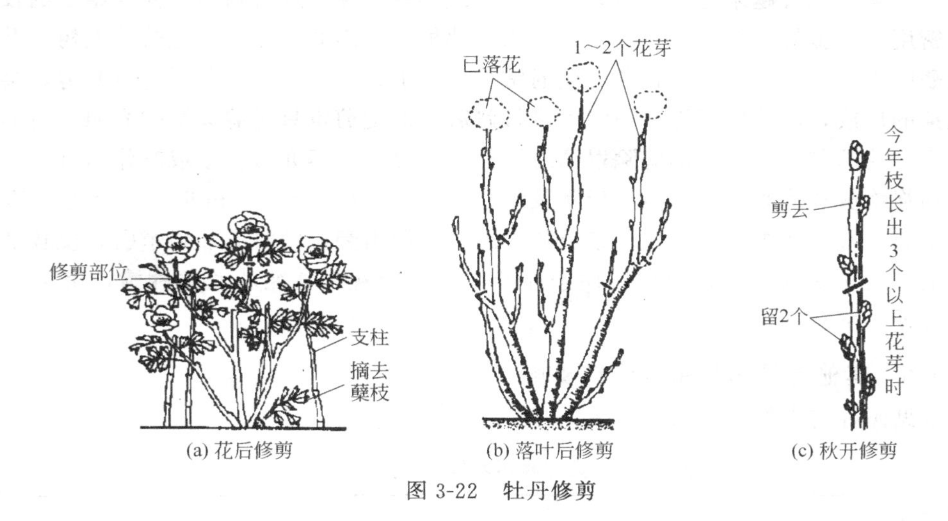

图 3-22　牡丹修剪

（3）整枝　牡丹为丛生状灌木，用于观赏定植的牡丹，每株留 5～8 个分枝，除去细弱的冗长枝。留下的枝条应分布均匀，高矮适度。如所留枝条部位不适时，也应除去，选留根颈处的土芽（分蘖芽），培养成枝。用于繁殖用的植株，可完全保留其全部土芽和枝条，愈繁密愈好，以分株的方式培育枝干。

（4）除芽　除芽能够保持枝条匀称，开花繁茂，整齐一致，控制花朵的多少和根部生长的强弱。《植物名实图考》一书内说："种牡丹者，必剔其嫩芽，则精脉聚于老干，故有芍药打头，牡丹修脚之谚。"牡丹的花芽生长处在顶芽或顶芽下的第一个侧芽。因此，牡丹除芽通常是指保留顶芽，除去土芽和选留出来的枝条上无用芽。为了保持株形，还要清理过高枝条的顶芽，留其侧芽令其开花；顶芽发育不健全者，应留下发育较好的侧芽。

除芽时间，通常在每年的春分与清明之间，过早，土芽尚未出土，在土壤内，对根部养分还能起输导作用；过迟，牡丹冗枝生长旺盛，消耗了养分，抑制了枝条的正常生长。牡丹栽培第一年不进行除芽工作，留下所有的枝条和芽子，任其自然生长。第二年春季，土芽伸长 5～6cm 时开始除芽，判断出强壮的或分布均匀的枝条或土芽 5～8 个，其余的芽子用刀或用手全部清除处理。

牡丹嫁接成功两年内，最好不让其开花，春季发现有花蕾时及早除去。特别采根供药用的牡丹应如此。因为开一次花，要消耗大量的养分，影响植株根部生长，有的植株会呈现老年状态。

3.1.7.5 紫藤

紫藤又称藤萝，其对土壤和气候的适应性较强，耐寒，喜光，耐水湿及瘠薄土壤，适宜在土层深厚、排水良好、避风向阳的地方栽培。其生长快，寿命长，缠绕能力强，所以在其生长过程中要特别注意整形修剪。紫藤在定植后，选留健壮枝作主藤培养，剪去先端不成熟部分。剪口处若有侧枝，剪去2～3个，以减少竞争，便于将主藤缠绕在支柱上。主干上除发出一条强壮的中心主枝外，还可发出几条新枝辅养中心主枝，要分批去除这些枝条。次年冬，将架面上的中心主枝短截至壮芽处，用于来年发出强健主枝。壮芽下留两个芽，作为第二、第三主枝进行培养。紫藤骨架确定以后，应在每年冬天剪去枯死枝、病虫枝、缠绕过分的重叠枝。一般小侧枝，留2～3个芽短截，让架面枝条分布均匀。紫藤生长较快，枝蔓会越来越密，其重量也会越来越重，所以应在冬季或早春萌芽前进行疏剪，使支架上的枝蔓保持合理的密度。紫藤的缠绕能力很强，会绞杀其他植物，因此要注意防止藤蔓上树，及时进行个别枝蔓的人为牵引。紫藤的花芽分化通常在6月上旬开始，如在花后进行修剪，会影响第二年花芽的形成，因此紫藤夏季通常不进行修剪。即使剪也只是剪去影响光照和树形的过密枝，而开过花的花序应自基部剪除以防结荚消耗养分。紫藤亦可盆栽或制作树桩盆景，平时应注意加强修剪和摘心，控制植株形状及大小。每年新梢长约15cm时，应摘心一次，开花后还应重剪一次。在古典园林中，紫藤还常配置于假山旁，幼时应加强牵引，使藤蔓穿凿攀附于石上。成株后则应加强修剪，使条蔓纠结，屈曲蜿蜒，宛若蛟龙翻腾，串串藤花下垂，惹人喜爱，别有一番景致。

3.1.7.6 其他常见园林树木修剪要点

其他常见园林树木修剪要点见表3-2。

表3-2 常见园林树木修整要点一览表

序号	常见树木	修剪要点
1	棣棠	棣棠是丛生式灌木，常修剪成圆形树冠，花芽着生在一年生枝上，开花数与枝条猛抽数有关，应每年或隔年与花后将枝条留50cm短剪，促使根茎大量萌发侧枝。棣棠易发生退枝现象，从上至下渐次枯死，应及时剪去枯枝，否则蔓延全株引起死亡。当全株枝条衰老或欲加强树势时，在秋冬季将枝条从基部截去，翌春重萌新枝组成株丛，枝茂花繁
2	香樟	香樟的自然树形是具有中心干的卵圆形，在修剪时围绕其自然形态进行调整。树苗从小培养，一年生的播种苗要进行一次剪根移植，以促进侧根生长，提高大树移植时的成活率。在树苗高生长中，为保证中心干的优势，剥去顶芽附近的侧芽，或将中心干的顶芽下生长超过中心干的竞争枝疏剪4～6个或部分重短截。如出现侧生枝超过主枝，采取去主留侧、以侧枝更替主枝，并修剪与新中心干的竞争枝条，根据树体的高矮，使保留的多个主枝上下错落；生长季节短截主枝延长枝附近的竞争枝，以保证主枝的顶端优势。定植后，及时疏除中心干上的重叠枝、轮生枝、并生枝等，尽量使冠内中心干上的枝条互相错落分布，枝条从下而上控制逐渐短截。粗大的主枝超常时可回缩修剪，以利扩大树冠
3	广玉兰	广玉兰树体高大，卵圆形树冠。幼时调整主干中心干的生长，当中心干的新梢生长弱或有花蕾，及时短截调整，利用剪口下壮芽替代生长形成中心干优势，向上生长，及时除去侧枝顶芽，出现侧生枝超过中心干，采取去主留侧、以侧枝更替主枝。定植后通过及时疏除中心干上的重叠枝、轮生枝、并生枝等，使保留的多个主枝上下错落；生长季节短截主枝延长枝附近的竞争枝，以保证主枝的顶端优势，回缩修剪过于水平或下垂的枝，维持枝间平衡关系，避免上下重叠生长。夏季，随时除去根部萌蘖，疏剪冠内过密枝、病虫枝。树冠形成后，在主干上，第一轮主枝剪去朝上枝，主枝顶端附近周围的新侧枝注意摘心或剪梢，以避免周边的主枝及附近枝对中心主枝的竞争力，保持完美的树形

续表

序号	常见树木	修剪要点
4	银杏	银杏在幼年起到成熟期一直保持着自然圆锥形树冠。幼年期树木易形成自然圆锥形树冠中心干上易长近轮生枝条，很多枝条同一个部位周边生长，形同“掐脖”现象，冬季剪除树干上的密生枝、衰弱枝、病枝，以利阳光通透；主枝数一般保留3～4个，并使保留的多个主枝上下错落，短截直立生长的侧生枝促使主枝生长平衡；在保持一定高度情况下整理小枝。定植后，对银杏主要采取疏剪，剪去竞争枝、枯死枝、下垂老枝、重叠枝、轮生枝、并生枝，逐步调整主轴上过多的主枝，并使其在中心干上分布均匀，枝枝之间在部位上下左右有一定间隙
5	国槐	国槐由于花序着生与新梢顶端、枝条生长柔软，树冠中心干顶端优势弱，形成树冠圆形。幼年树中心干顶端优势弱，需要培育主干，早春，在中心干的上部选留健壮直挺向上生长的枝，在预留剪口芽处截去梢端弯曲细弱部分，在剪口芽下部抹去数个侧芽，可提前避免出现竞争枝，主干达到一定高度时截干，留2～3个主枝，每个主枝留30cm长度进行短截，以后每隔2～3年修剪一次，按杯状形进行修剪成圆头形，这种整形的树体较矮。也可在主干达到一定高度时留2～3个主枝，生长期对主干进行2～3次摘心，每年主干向上生长一节，再留2个主枝，而主干下部则要相应疏剪一个主枝，是树体在一定时间由中心干控制主枝的分布，维持整个叶面积不变。当冠高比达到1∶2时，可任其生长，最后也形成圆头形，但树体较高大
6	樱花	樱花由于花量大、枝条生长柔软，树冠中心干顶端优势弱，形成自然开心形。幼树培育整形，主干达到一定高度时截干，使主干上的3～5个主枝形成自然开心形，下部的一些小枝暂时作为辅养枝保留。树冠形成后，每年冬季短截主枝延长枝，加强主枝的强度，安排好剪口芽，继续培育主枝延长枝几年直到树冠的范围，并刺激其中、下部萌发中长枝，每年在主枝的中、下部各选定1～2个侧枝，其他中长枝可疏密留稀，以增加小侧枝及开花数量，侧枝长大、花枝增多时，主枝上的辅养枝即可剪去。每年冬季短剪主枝上选留的中长枝，促使其继续扩大枝量、叶量，其余的枝条则缓放不剪，先端萌生长枝，中下部产生短枝开花。过几年后再回缩短剪进行更新，回缩老枝粗度最好在3cm以内，以免愈合困难
7	贴梗海棠	贴梗海棠是丛生花灌木，主枝多，自然生长为丛生状圆头形，枝条更新以基部更新为主；人工培养有多主枝的灌丛形，以保留主枝为主，以枝上部枝条更新为主。贴梗海棠萌发力强，芽位基部隐芽可以萌发成枝，树冠形成后注意对小侧枝的修剪，促使基部隐芽逐渐得以萌发成枝，使花枝离侧枝近。而强修剪易长出徒长枝，故新枝不宜强剪。如欲扩大树冠，可将侧枝先端剪去，留1～2个长枝，待其长到一定长度后再短截先端使其继续形成长枝。为提高营养补充，同时剪截该枝后部的中短花枝。过长枝可适当轻截，使其分生花枝开花；小侧枝群，每年交替修剪培育花枝。自然丛生状圆头形随着枝条逐渐生长、成熟、老化，5～6年后选基部或健壮生长枝更替。也可保持1m以下的主干，侧枝自然生长。冬季剪去过分的伸长枝，花后立即整形修剪；如枝条生长旺盛，5月份可将过长的枝剪去1/4。人工多主枝的灌丛形随着枝条逐渐生长、成熟、开花，每年都要有壮枝在主枝上形成，保持1m以下的主干，冬季剪去过分的伸长枝，花后立即整形修剪；保持枝条生长旺盛
8	梅花	梅花树冠中心干顶端优势弱，形成自然开心形。幼树培育整形，主干达到一定高度时截干，使主干上的3～5个主枝形成自然开心形，下部的一些小枝暂时作为花枝保留，有些树种发枝力强、枝量大而细小，树势弱，利用强剪或疏剪部分枝条，增强树势；有些树种发枝少而枝条粗壮的，轻截长留，促使多萌发花枝，减弱树势。树形小的主枝短剪一年生枝，培养延长枝，树冠较大的在主枝中部选一方向合适的侧枝代替主枝。开花后应将长枝回缩、促发生枝。冬季以整形为目的，处理一些密生枝、无用枝，保持生长空间促使新枝发育；为了保证来年开花满树，可对只长叶不开花的发育枝采取强枝轻剪，弱枝重剪，过密的枝条进行疏剪，中花枝适度短截保证足量的花，短花枝只留2～3个芽。来年的中花枝发出短花枝，剪去前面两个短枝，再剪去下部的短枝，逐渐培养即形成开花枝组。生长势衰弱的树木，要及时利用回缩修剪，主枝前部多年生枝回缩疏剪，用剪口下的侧枝代替主枝，剪去其先端培养延长枝或利用徒长枝重新培养新主枝。生长季将近地部砧木萌生枝和主枝基部无用枝剪掉，以保持光照与通风良好
9	圆柏	圆柏树冠为卵圆形或圆柱形，中心干顶端优势明显。对幼树主干上距地面20cm范围内的枝应全部疏去，选好第一个主枝，剪除多余的枝条，并对各主枝安排合理错落分布，呈螺旋式上升。将各主枝短截，下长上短，剪口处留向上的小侧枝，促使主枝下部侧芽大量萌生，形成向里生长出紧抱主干的小枝。全年在生长期内修剪2～8次，每当新枝长到10～15cm时修剪一次，抑制枝梢徒长，使枝叶稠密成为群龙抱柱形。同时应剪去与中心干顶端产生竞争的枝条，避免造成分叉树形。中心干上的主枝间隔20～30cm，并及时调整疏剪主枝间的弱枝，以利通风透光。对主枝上向外伸展的侧枝及时摘心、剪梢、短截，以改变侧枝生长方向，形成螺旋式上升的优美姿态

续表

序号	常见树木	修剪要点
10	大叶黄杨	大叶黄杨其特点是芽萌发力强，在绿地中的应用主要是绿篱及树球。植株定植后，可在生长期内根据需要进行修剪。第一年在主干顶端选留两个对生枝，作为第一层骨干枝；第二年，在新的主干上再选留两个侧枝短截先端，作为第二层骨干枝，待上述5个骨干枝增粗后，便形成骨架。在不同时期修剪不同：在球形树冠生长盛期，一年中反复多次进行外露枝修剪，形成丰满的球形树。每年剪去树冠内的病虫枝、过密枝、细弱枝，使冠内通风透光。由于树冠内外不断生出新枝，应及时修剪外表，即可形成美观的球形树。当老球树衰老时，选定1～3个上下交错生长的主干，其余全部剪除。来年春天，则可从剪口下萌发出新芽。待新芽长出10cm左右时，再按球形树要求，选留骨干枝，剪除不合要求的新枝。为了促使新枝多生分枝，早日形成球形，在生长季节应对新枝进行多次修剪，即可形成球形树
11	鸡爪槭	鸡爪槭枝条生长柔软，树冠中心干顶端优势弱，形成树冠圆形。休眠期或生长期5～6月进行修剪。幼树易产生徒长枝，应在生长期及时将徒长枝从基部剪去。5～6月短剪保留枝，调整新梢的分布，使其长出夏秋梢，创造优美的树形。在冬季修剪直立枝、重叠枝、徒长枝、枯枝以及基部长出的无用枝。由于粗枝剪口不易愈合，木质部易受雨水侵蚀而腐烂成孔，所以应尽量避免对粗枝的重剪
12	红叶李	红叶李在生长中树木形成杯状树形，以冬季修剪为宜。当幼树长到一定高度时，选留3个不同方向的枝条作为主枝，并对其进行摘心，以促进主枝延长枝直立生长。主枝延长枝弱，可短截，由下面生长健壮的侧枝代替。每年冬季修剪各层主枝时，要注意配备适量的侧枝，使其错落分布，以利通风透光。平时注意剪去枯死枝、病虫害枝、内向枝、重叠枝、交叉枝、过长过密的细弱枝
13	枇杷	枇杷为常绿小乔木，树冠近圆形。喜光、耐阴、耐寒、怕强风、不耐旱，喜温暖湿润气候(对土壤适应性较广，在排水良好富有腐殖质的壤土上生长更佳)，可播种、嫁接繁殖。当顶芽发育成花房以后，花群集中开放，为了得到丰硕的果实，以供食用和观赏，一般是从圆形花房中疏去部分果实。因为分枝少，可将不美观的杂乱枝从基部剪去，也可从上至下剪去横向枝，以形成上升树冠。
14	山茶花	山茶花萌芽力强，可以强剪，创造各种造型，别有情趣。花生于当年枝的顶端，花后将前一年的枝剪去1/3～1/2，并整理树冠。成年树冠高比以2/3为宜。从最下方的主枝向上50cm处选留各个方向发展的枝条3～4个，作为主干上的主枝。缩剪较强壮的枝条，既可避免影响主干或邻近主枝生长，还可填补树冠空隙，以利增加花量。每年结合修剪残花，对一年生枝进行短截，以剪口下方保留外芽或斜生枝，促进下部隐芽萌发，发展侧枝，以降低下年开花部位。3～4月剪去细枝、无用枝、枯枝，保留原来叶子3～4枚。因山茶花在5月底停止新梢生长，7月开始夏梢生长，所以5～7月应将其半木质化的新生交叉枝、重叠枝、过密枝、杂乱枝、病虫枝、萌蘖枝、瘦弱枝等剪去
15	现代月季	现代月季由于观赏的不同，形成不同的形态，如灌丛、树状及攀缘形。由于一年多次开花的特点，一般修剪整形分休眠期与生长期。在生长期，也可经常进行摘蕾、剪梢、切花和剪去残花等。因类型长势不同，可分为重剪、适度修剪、轻剪 (1)灌木状月季的修剪整形　当幼苗的新芽伸展到4～6片叶时，及时剪去梢头，积聚养分于枝干内，促进根系发达，使当年形成2～3个新分枝。夏季花后，根据应扩展的空间确定留里芽或留外芽。应在花下标准叶片(五小叶复叶)上面剪花，保留其芽，以再抽新枝，由于冬剪的刺激，春季会产生根蘖枝，如果是从砧木上长出的，应及时剪去。冬季，灌木状姿态形成，重剪去上年连续开花的一年生枝条，更新老枝，剪口留芽方向同上，注意侧枝的各个方面相互交错、使造型富有立体感，尽量多留腋芽，以利早春多发新枝。主干上部枝条长势较强，可多留芽；主干下部枝条长势较弱，可少留芽，更新老枝，剪除树丛内的枯枝、病虫植及弱枝 当月季树开始老化后，枝干粗糙、灰褐色，老枝上不易生新枝，需要及时对树木进行更新。当根部的萌蘖枝长出5片复叶时，立即进行摘心，促使腋芽在下面形成，当长出2～4个新枝时，即可除去老枝 (2)树状月季的修剪整形　将新主干培育到高80～100cm时，摘心，在主干上端剪口下依次选留3～4个腋芽，作主枝培养，除去干上其他腋芽，成形后的树状月季，因主干较细头重脚轻，需提前设立支架绑缚。主枝长到10～15cm长时即摘心，使腋芽分化，产生新枝，在生长期内对主枝进行摘心。主枝的作用是形成骨架，支撑开花侧枝。冬季修剪时应选留一个健壮外向枝短截，使其扩大树冠，再生新侧枝开花。如果主干上三主枝生长优势强，适当轻短截保留7～8个芽，下面的主枝短剪，保留3～6个芽，使主枝在各个方向错落分布。侧枝是开花的枝，保留主枝上两侧的分枝，剪除上下侧枝并留3～5个芽。主枝先端的侧枝多留芽，下面的少留芽，交错保留主枝上的侧枝。另外，还要剪除交叉枝、重叠枝、内向枝，以免影响通风、透光。花后修剪同灌木状月季。形成后的树状月季，因头重脚轻须设立支架绑缚

续表

序号	常见树木	修剪要点
15	现代月季	(3)倒垂月季的修剪整形　在具有一定造型的支架附近定框，绑缚固定。在1.7m处短截主干，下方的侧枝全部剪去，在其上端嫁接优良品种，待成活后，长至20cm时摘心，留4～6个芽，使先端1～2个腋芽再生出分枝。每当新枝长到20cm左右就摘心，使其不断长出新分枝，布满整个造型架上方。冬季，架面上每个新枝，可根据其强弱情况留4～8个芽，短剪，第二年即可成形观赏。及时剪去残花，少剪绿叶，促使多生新枝，开第二批花 来年冬季，剪去每个侧枝最先端的一年生花枝，留后面的一年生花枝作头。回缩修剪那些向前伸展过远的侧枝，选留后部向上健壮的侧枝，缩短与主干的距离 如果创造花柱形，主藤及侧藤的绑缚均宜注意填补花柱空隙。当花柱形成后，剪去膛内枯枝、病虫枝、弱小枝、过密枝，更新基部4～5年生的老枝，使其多生新枝。保证花柱膛内通风、透光 如是花格墙，定植后，可选3～5个壮枝，呈放射形绑于支架上，将其弱的小枝疏剪，多保留两年生枝，以便产生大量花枝，生长期内随时扎绑固定，使其分布均匀。有计划地更新主干，可防止衰老，延长植株寿命
16	杜鹃	杜鹃花生长旺盛，萌芽力强。2～3年生的幼苗应摘去花蕾，以利加速形成骨架；新梢短的品种不宜摘蕾，可适当疏枝。5～10年生苗应适当剪去部分花蕾，促使开花数适当减少。7～8月花芽分化成花苞，来年4月开始伸展新芽，5～6月开花，花后立即修剪，秋冬时剪去冠内的徒长枝、拥挤枝和杂乱枝，使整体树形造型自然柔和。单株灌丛可修剪成圆球形或半圆形，丛植、遍植的杜鹃花可根据地形、环境的特点修剪成起伏的波浪形
17	紫薇	紫薇花期6～9月，花序生于新梢枝顶，花后及时将花枝剪去，使强壮的剪口芽萌发壮枝，剪后20天又可在枝顶重新开花。为增强观赏效果，丛生形树干应控制其高度，使高低错落满树有花。乔木状单杆式的紫薇应及时除萌。冬季将枝条留10cm左右剪短，使来春萌发壮枝孕蕾开花。当树势或枝势弱或衰老时，可立即进行回缩更新，培养萌蘖枝代替。紫薇枝条柔软，也可用铅丝等绑扎，或用整形修剪方法培育成不同的树形，如悬崖式、垂枝式等。由于枝条生长力强，造型的树木要常进行摘心除蘖，疏枝或短剪，以维持冠形

3.2 园林景观树木常用修整工具及设备

园林植物的整形修剪中，不可缺少的是各种各样的修整工具及一些必要的机械设备。修整工具主要有修枝剪、修枝锯、斧头、梯子等，机械设备主要有绿篱机、草坪修剪机、移动式升降机等。

3.2.1 修整工具

3.2.1.1 修枝剪

(1) 普通修枝剪（图3-23） 普通修枝剪是每个园林工人和花卉爱好者必备的修剪工具，一般能剪截3 cm以下的枝条，只要枝条能够含入剪口内，就都能被剪断。在操作时，若是用右手握剪，则要用左手将粗枝向剪刀小片方向猛推，这样很容易将枝条剪断，千万注意不要左右扭动剪刀，以免发生剪刀松口或刀刃崩裂的现象。

(2) 长把修枝剪（图3-24） 长把修枝剪的剪刀呈月牙形，虽然没有弹簧，但手柄很长，主要用来修剪园林中有很多比较高的灌木丛，即为了站在地面上就能短截株丛顶部的枝条。此时，杠杆的作用力相当大，在双手各握一个剪柄操作时，修剪的速度也不会慢。

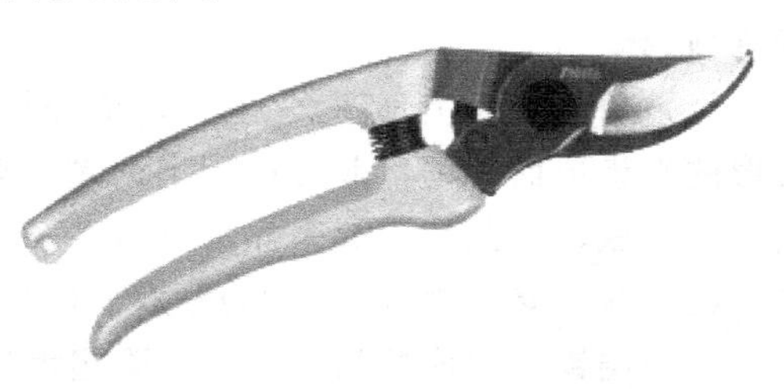

图3-23　普通修枝剪

(3) 高枝剪（图3-25） 高枝剪主要用来

图 3-24　长把修枝剪

剪截高处的枝条，同时被剪的枝条不能太粗，一般直径在 3cm 以下。高枝剪的剪刀一般装在一根能够伸缩的铝合金长柄上，可以随着修剪的高度进行调整。而且在刀叶的尾部绑有一根尼龙绳，修剪的动力就是靠猛拉这根尼龙绳来完成的。此外，在刀叶和剪筒之间还装有 1 根钢丝弹簧，可以在放松尼龙绳的情况下，使刀叶和镰刀形固定剪片自动分离而张开。

(4) 太平剪（图 3-26）　太平剪又称绿篱剪，其条形刀片很长，主要用于修剪绿篱和树木造型。用太平剪修剪一下就可以剪掉一片树梢，而且修剪后绿篱顶部与侧面都很平整。但由于绿篱剪的刀片较薄，因此只能用来平剪嫩梢，不能修剪已木质化的粗枝。在遇到个别的粗枝露出绿篱株丛时，应当先用普通修枝剪将其剪断，然后再使用绿篱剪进行修剪。

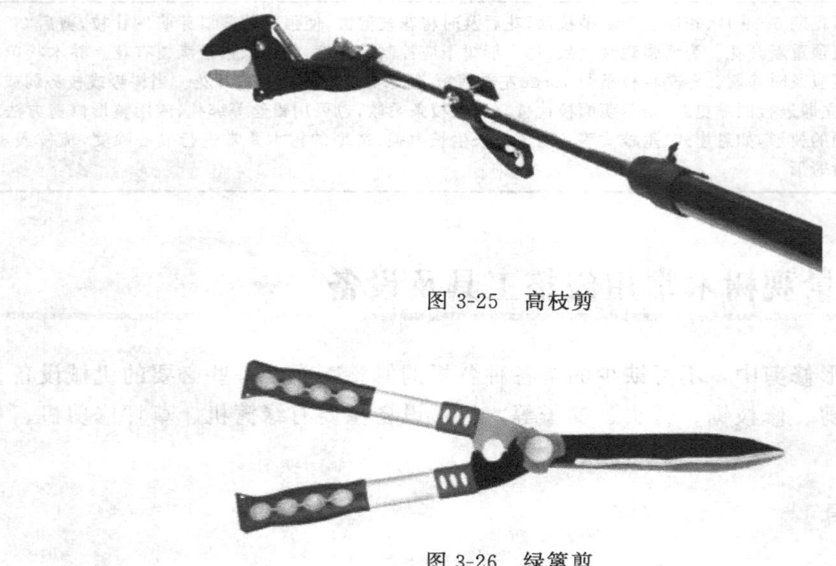

图 3-25　高枝剪

图 3-26　绿篱剪

3.2.1.2　修枝锯

修枝锯主要用于锯除普通修枝剪剪不断的粗枝。常用的修枝锯有四种：单面修枝锯、双面修枝锯、刀锯和高枝锯。

(1) 手锯（图 3-27）　手锯即是较小的单面修枝锯，主要适用于花木、果木、幼树枝条的修剪。

(2) 单面修枝锯（图 3-28）　单面修枝锯主要用于截断树冠内的一些中等枝条，尤其是弓形的细齿单面手锯，非常适用于锯除这类枝条。此外，此锯的锯片很窄，可以伸入到树丛当中去锯截，因此使用起来非常自由。

(3) 双面修枝锯（图 3-29）　双面修枝锯的锯片两侧都有锯齿，一边是细锯齿，另一边是深浅两层锯齿组成的粗齿。在锯除粗大的枝时，如果用单面修枝锯则相当费力，这时就比较适合采用双面修枝锯。修枝时，在锯截活枝时使用细齿，而在锯除枯死的大枝时使用粗齿，以保持锯面的平滑。此种修枝锯的锯柄上有一个很大的椭圆形孔洞，因此可以用双手握住来增加锯的拉力。

（4）刀锯　在锯除较粗的枝条时，也可以采用木匠用的刀锯。

（5）高枝锯（图 3-30）　在修剪树冠上部的大枝时，可以采用高枝锯，利用高枝剪通过绳的拉力只能剪断一些细的枝条。

（6）链锯（图 3-31）　小型的链锯可以用来切除更粗大的枝干。在使用链锯时，操作者必须穿着防护衣，而且小心谨慎。切忌在梯子上或者是切除过肩膀高度的枝条时使用链锯。

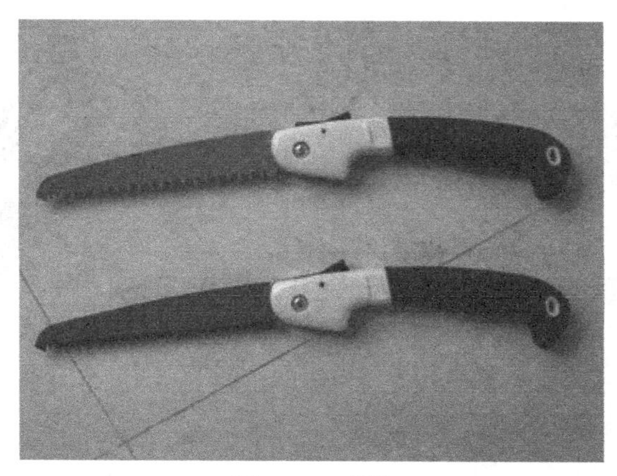

图 3-27　手锯

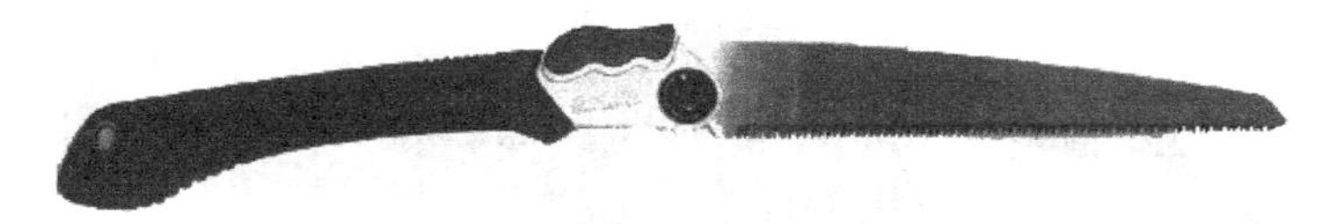

图 3-28　单面修枝锯

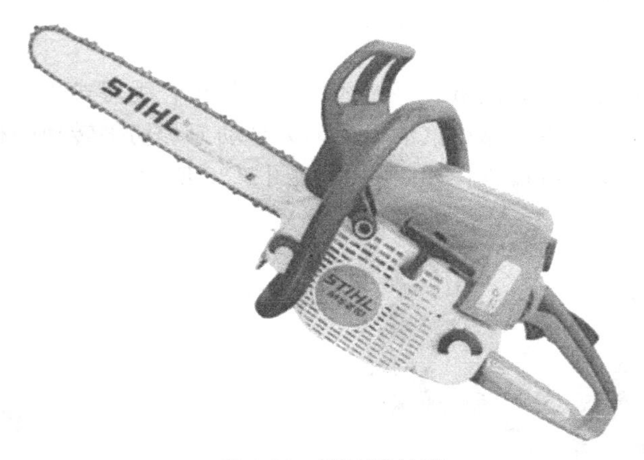

图 3-29　双面修枝锯

3.2.1.3　其他工具

（1）刀具　刀具是为了在一定部位抽生枝条，以解决大枝下部光秃现象或培养主枝等。可以使用的刀具种类有电工刀、芽接刀或其他刀刃锋利的刀具。

（2）斧头　斧头可用于砍树或是撑枝、拉枝等钉木桩用。

（3）梯子　在修剪较高大的树木时，必须借助于梯子或升降车才能完成，否则无法作业。

在对树木造型进行修剪或矫正树形时，还常常会用到各种型号的铅丝和绳索及木桩。

3.2.2　机械设备

3.2.2.1　绿篱机

绿篱机又称绿篱剪，适用于公园、庭园、路旁树篱、茶叶修剪等园林绿化方面的专业修

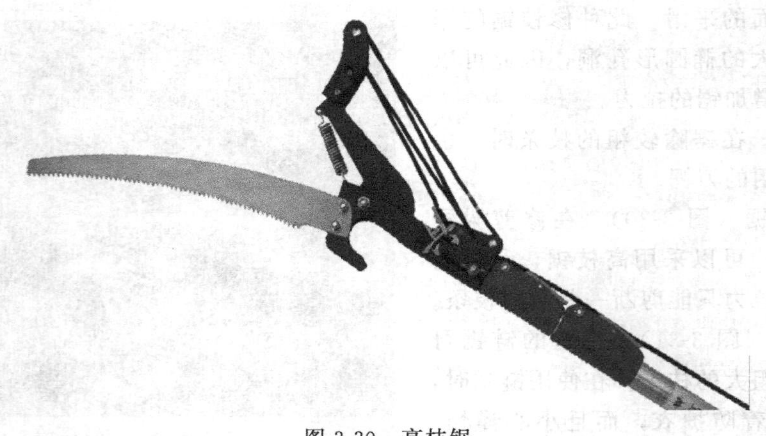

图 3-30 高枝锯

图 3-31 链锯

剪。绿篱机可以分为手动人力简便机、手持式电动绿篱机、手持式小汽油机、车载大型绿篱机等。一般所说的绿篱机是指依靠小汽油机为动力带动刀片切割转动的机型，目前的绿篱机又可分为单刃绿篱机与双刃绿篱机，如图 3-32 和图 3-33 所示。

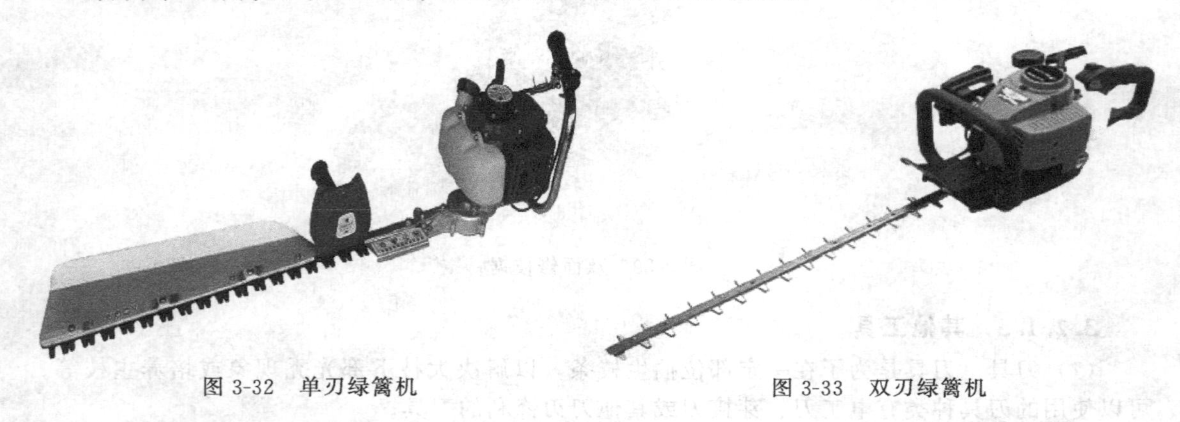

图 3-32 单刃绿篱机

图 3-33 双刃绿篱机

(1) 使用绿篱修剪机前应注意的问题

① 使用前应认真阅读使用说明书，将机器的性能以及使用的注意事项弄清楚。

② 绿篱修剪机主要用于修剪树篱、灌木，为了避免发生意外事故，请勿用于其他用途。

③ 由于绿篱修剪机安装的是高速往复运动的切割刀，因此若是操作有误，则是很危险的。在疲劳或不舒服的时候，或是服用了感冒药或饮酒之后，切勿使用绿篱修剪机。

④ 因为发动机排出的气体里含有对人体有害的一氧化碳。因此，请不要在室内、温室内或隧道内等通风不好的地方使用绿篱机。

⑤ 以下各种场合，请勿使用绿篱机。

a. 天气不好时，如下雨、刮大风、打雷等。

b. 脚下较滑，难以保持稳定作业姿势时。

c. 因浓雾或夜间，对作业现场周围的安全难以确认时。

⑥ 在初次使用绿篱机时，务必先请有经验者对其用法进行指导，之后方可开始实际作业。

⑦ 不要使作业计划过于紧张，因为过度疲劳会使注意力降低，从而成为发生事故的原因。每次连续作业的时间不能超过30～40min，还要有10～20min的休息时间，一天的作业时间则应限制在2h以内。

⑧ 未成年者不允许使用绿篱修剪机。

(2) 使用绿篱修剪机时的劳动保护用品

① 在使用绿篱修剪机时，先要穿好适合室外作业的服装，并穿戴好以下保护用品。

a. 作业帽，在坡地作业时要戴头盔，并应将长发扎起来保护好。

b. 防尘眼镜或面部防护罩。

c. 坚固结实的劳保手套。

d. 结实、不易滑的鞋。

e. 耳塞，尤其是长时间作业时。

② 务必携带以下用品。

a. 机器附属工具及钢锉。

b. 替换用的刀片。

c. 适合绿篱修剪机使用的备用燃料。

d. 标示作业区域的用具，如绳索、木牌。

e. 哨子，在共同作业或遇紧急情况时使用。

f. 砍刀、手锯，在铲除障碍物时使用。

③ 请不要在操作使用时，穿裤脚宽大的裤子或赤脚、穿草鞋、凉鞋等作业。

(3) 有关燃料使用注意事项

① 由于绿篱修剪机的发动机所使用的燃料是机油和汽油混合油，属易燃品，因此请不要在喷烧器、焚烧炉、炉灶等有可能引火的地方加油或存放燃料。

② 使用过程中如果没有燃料，一定要先将发动机停下来，在确认周围没有烟火后再加油。

③ 作业或加油时请不要吸烟。

④ 加油时如果燃料碰洒了，一定要先将机体上附着的燃料擦干净之后，方可启动发动机。

⑤ 加油后先将容器密封，然后在离开燃料容器3m以上的地方启动发动机。

(4) 工作前的注意事项

① 在开始作业前，要先弄清现场的状况如绿篱的性质、地形、障碍物的位置、周围的危险度等，并且清除可以移动的障碍物。

② 在开始作业之前，首先要认真检查机体各部位，在确认没有螺钉松动、漏油、损伤或变形等情况之后方可开始作业。尤其是刀片以及刀片连接部位更要进行仔细检查。

③ 以作业者为中心，半径15m以内为危险区域，用绳索围起来或立起木牌以示警告，

以防他人进入。此外，几个人同时作业时，要不时地互相打招呼，还要保持一定的安全间距。

④ 请使用研磨好了的锋利刀片。

⑤ 绝对不可以使用已出现异常的刀片，在确认刀片没有崩刃、裂口、弯曲之后方可使用。

⑥ 在研磨刀片时，为防止刀刃崩裂，一定要把齿根部锉成弧形。

⑦ 在拧紧螺钉上好刀片后，要先用手转动刀片来检查其有无上下摆动或异常声响。若有上下摆动，则可能会引起异常振动或刀片固定部分的松动，发生意想不到的危险。

3.2.2.2 草坪修剪机

草坪修剪机（图 3-34）即草坪割草机，可用于草坪的修剪，以保持草坪草一定的高度和良好的生长条件，是数量最多的一种草坪养护机械，简称草坪机。

图 3-34 草坪机

（1）草坪修剪机的分类 草坪修剪机的类型很多，按照切割器形式分有旋刀式、滚刀式、往复割刀式和甩刀式等；按照配套动力和作业方式分有手推式、手扶推行式、手扶自行式、驾乘式、拖拉机式等。实际使用过程中，要根据不同类型草坪的要求和面积大小来选用不同类型的草坪修剪机。

（2）草坪修剪机的使用注意事项

① 使用前清理 使用之前，先清理场地，清除石块、树枝各种杂物，并且在喷头和障碍物做上记号。

② 着装要求 请穿厚底鞋和长裤，以防刀片打起石块飞溅伤人。

③ 使用范围 下雨和灌溉后不能立即剪草，以防人员滑到和机械工作不畅；当草坪斜坡角度超过 15°时不能剪草，以防伤人和损坏机械。

④ 使用安全 使用草坪机时，在 10m 范围内不可有人，尤其是侧排时，不可对人，以防伤人。

⑤ 使用的调整 根据草坪的要求来确定剪草后的留茬高度，北方的冷季形草坪留茬高度为 50mm，南方的暖季形草坪留茬一般为 30mm，剪草时只需剪去原来高度的 1/3。此外，不能顺坡上下修剪，只能沿斜坡横向修剪，而且在坡地上拐弯时要特别小心，当心洞穴、沟槽、土堆等草丛中的障碍物。

在调整机械和倒草时一定要停机，绝对不能在机械运转时调整机械和倒草。

⑥ 安全手柄的作用和使用 草坪机的安全手柄是用来控制飞轮制动装置和点火线圈的停火开关的。按住安全控制手柄，则会释放飞轮制动装置，断开停火开关，汽油机即可启动和运行；反之，放开安全控制手柄则飞轮会被刹住，接上点火线圈的停火开关，汽油机停机

并被刹住。因此，只有按住安全控制手柄，机械才能正常运行，但当运行中遇到紧急情况，应放开安全控制手柄停机。所以机械运行时千万不可用线困住安全控制手柄，以免紧急状况的发生。

⑦ 机械的保养　每次工作后要拔下火花塞，以防在清理刀盘、转动刀片时汽油机自行启动。

a. 检查刀片。保持刀片的锋利，可以提高工作效率并保证机器的正常运行。草坪机刀片要经常研磨才能保持锋利，而且修剪出的草坪也平齐好看。剪过的草伤口小，草坪不易得病；反之，不但对修剪的草坪不好，而且会使草坪机传动轴的阻力加大，反而增大了草坪机的负荷，降低工作效率，使得运转温度升高，加剧了机器的磨损。此外，还要同时检查草坪机刀片是否平衡，若是不平衡则会造成机器振动，容易损坏草坪机部件。

b. 清理草袋。要及时清理草袋，以保持其通气性，否则会影响草坪机的收草效果。

3.2.2.3　移动式升降机

移动式升降机是辅助机械，当应用传统的梯子来修剪高大树木时，既费工、费时，又不稳，因此采用移动式升降机辅助就能大大地提高工作效率，这在国外城市树木的管护中已大量应用。

3.2.3　工具设备的保养

3.2.3.1　修枝剪、高枝剪和平剪

为了修剪时省力，便于操作，要经常磨剪刀，以保持其锋利。如果每天使用，最好在每天开始使用前或当天工作完毕后磨一次。磨剪刀时，只需磨外面的斜面剪刃，不要磨剪托，否则会使剪刃不吻合，使用时容易发生缺口或夹枝，不利于操作。新买来的修枝剪和高枝剪，一定要先开刃，再使用；而且开刃时要把刃面的弧度逐渐磨平。第一次磨得好，以后磨也就省事了。修剪工作结束后，不用剪子时，要擦洗干净，再涂上凡士林或者黄油，包上塑料薄膜保存，防止生锈。

3.2.3.2　锯类

锯子的锯齿要经常保持锋利，以便使用方便省力。锯子在开始使用前，要先用扁锉将齿锉锋利，齿间最好是锉成三角形，保持边缘光滑，锯口平整。而且锯齿不要太张开，否则锯起来虽然比较省劲又快，但由于锯口粗糙，易导致伤口不易愈合。锯子在使用完毕后保存时，还要涂油防锈。

3.2.3.3　梯子及升降车

梯子及升降车在使用前应检查是否牢固，有无松动；使用后则要妥为保存，防止受潮和雨淋，避免腐烂或生锈。

3.3　各类园林植物的修整

各类园林树木的修剪要以它们本身所具有的观赏特性及在园林绿化中的用途为依据，并以树木造型、控制树木的体量和树木的健壮生长与更新为目的进行合理的修剪。

在园林树木整形修剪的原则一节中着重地强调了修剪要根据树种的生态习性与生物学特

性进行整剪工作，因此观赏树木的修剪一定在整形的基础上进行，而不能自己随心所欲，心中无数地乱剪一通，或者整剪方法随便更换，导致剪来剪去树木反而没有了形状，甚至将树木修剪得非常难看，以至于很难再挽救。

在面积不大的空间里种植一株大乔木，若是不注意修剪，任其自由地生长，就会使此树木占去该空间的绝大部分，而使附近的其他树木花草因得不到足够的阳光，不能正常地生长；同时使得此空间非常拥挤。又如在玲珑剔透的湖石旁种植一棵姿态别致的树木，在树木小的时候，还会感到设计者独有匠心，但经过几年的生长，树木越长越大，几乎把漂亮的湖石全部遮盖了。因此，必须随时进行修剪控制树木的体量，以使树木与湖石长久配置得体。此外，在日常生活的环境中，常常可以看见配置非常好的树丛或人工群落，但是由于没有及时控制树体大小，导致强者快速地生长，不断地扩大树冠，而将弱者压在下面，致使原来美丽的景观没有了，最后是很好的园林布局变成乱树丛，因此在修剪时，首先要看此树体量是否与周围环境相协调，是否影响了周围的其他景观和附近的树木花草的生长。如果还没有影响，则要随时注意，并通过修剪进行控制，使其不会发生互相遮挡的现象，也只有这样才能长时间的呈现布局合理、层次分明的绿化效果。

通过整形修剪控制树木的体量是一项很重要的工作。尤其是近几年来随着市场经济的发展和城市建筑大量地兴建，在居住区内，高楼大厦之间的空地极为有限，因此可供栽植观赏树木的面积非常少。为此，必须适当地种植各种树木花草，而为了让这些树木花草健康地、独立地互相协调地生长，就必须通过经常地修剪，来控制其大小，使它们彼此间不遮挡，又不互相影响生长，以提高绿化水平，真正达到“四季常青，三季有花”的目的。

对于一些要求造型水平较高的树木，最好每年修剪不要换人，以免每年修剪不统一、不协调的现象发生。

对于一些装饰性很强的树木都需要经过精心的整形与修剪，有的树木在经过艺术高超的师傅修剪后，其造型能够脱凡超俗，如同一块很普通的布，在能工巧匠手里就会变成漂亮的时装。

通过修剪还可以防止自然灾害与病虫的滋生，同时还应随时注意枝条的更新，因为只有健壮的生长，才能使得树木树体匀称、姿态别致、枝荣叶茂，花繁果硕，不仅给人一种健康的美，还能延长最佳的观赏年龄。

园林绿地中栽植着各种用途的树木，而即使是同一种树木，因为园林用途的不同，其修剪的要求也是不同的，下面将分别进行介绍。

3.3.1 行道树的修整

和其他树木一样，行道树具有防护和美化功能，在城市绿化中有其独特的作用。行道树是城市绿化的骨架，既能反映城市的面貌，又能呈现出地方的色彩，还有组织交通的作用，直接关系到人们的身心健康。行道树将城市中分散的各类型绿地有机地联系起来，构成美丽壮观的绿色整体。因此保证行道树健美的生长是园林工作者义不容辞的责任。

3.3.1.1 修正造型

行道树的造型主要有自然冠形、开心形和杯状形。

(1) 自然冠形修剪　在不妨碍交通和其他市政工程设施、且有较大生长空间条件时，行道树多采用自然式整形方式，如塔形、伞形、卵球形等。

（2）开心形修剪　适用于无中央主轴或顶芽自剪、呈自然开展冠形的树种。定植时，将主干留3m截干；春季发芽后，选留3～5个不同方位、分布均匀的侧枝并进行短截，促使其形成主枝，余枝疏除。在生长季，注意对主枝进行抹芽，培养3～5个方向合适、分布均匀的侧枝；来年萌发后，每侧枝在选留3～5枝短截，促发次级侧枝，形成丰满、匀称的冠形。

（3）杯状形修剪　枝下高2.5～4m，应在苗圃中完成基本造型，定植后5～6年内完成整形。离建筑物较近的行道树，为防止枝条扫瓦、堵门、堵窗，影响室内采光和安全，应随时对过长枝条进行短截或短疏。生长期内要经常进行除荫，冬季修剪时主要疏除交叉枝、并生枝、下垂枝、枯枝、伤残枝及背上直立枝等。

二球悬铃木是我国多数城市首选的行道树树种，也是国际公认第一行道树种。以二球悬铃木为例，在树干2.5～4m处截干，萌发后选3～5个方向不同、分布均匀、与主干成45°夹角的枝条作主枝，其余分期剪除。当年冬季或第二年早春修剪时，将主枝在80～100cm处短截，剪口芽留在侧面，并处于同一水平面上，使其匀称生长；第二年夏季再抹芽和疏枝。幼年时顶端优势较强，侧生或背下着生的枝条容易转成直立生长，为确保剪口芽侧向斜上生长，修剪时可暂时保留背生直立枝。第二年冬季或第三年早春，于主枝两侧发生的侧枝中选1～2个作延长枝，并在80～100cm处短截，剪口芽仍留在枝条侧面，疏除原暂时保留的直立枝。如此反复修剪，经3～5年后即可形成杯状形树冠。骨架构成后，树冠扩大很快，疏去密生枝、直立枝，促发侧生枝，增加遮阴效果。

但因二球悬铃木早春发叶时大量带毛的种子飘落，有影响人体健康之嫌，近年来有许多城市改用其他树种。尽管如此，作为行道树，二球悬铃木仍是优势为主，只要养护管理到位，上述问题可以得到较好解决。如视具体情况，在每年冬季剪去所有1级或2级侧枝以上的全部小枝，由于二球悬铃木发枝力强，在翌年即可形成一定大小的树冠与叶量，规范修剪的树型也十分整齐，具有良好的景观效果。国外有许多城市都采用此方法，我国在一些城市中也开始运用，并已获得成功，但因其每年都需安排作业，经费保证尚有一定难度。

3.3.1.2　修剪中要考虑的因素

不同的行道树种类，其修剪时应考虑的因素不同。

（1）有中央领导干的树木修剪　如银杏、水杉、侧柏、雪松、枫杨、毛白杨等的整形修剪，主要是选留好树冠最下部的3～5个主枝，一般要求枝间上下错开、方向匀称、角度适宜，并剪掉主枝上的基部侧枝。在养护管理过程中以疏剪为主，主要对象为枯死枝、病虫枝和过密枝等；注意保护主干顶梢，如果主干顶梢受损伤，应选直立向上生长的枝条或壮芽代替、培养主干，抹其下部侧芽，避免多头现象发生。

（2）无中央领导干的树木修剪　如旱柳、榆树等，在树冠最下部选留5～6个主枝，各层主枝间距。

（3）枝下高　为树冠最低分枝点以下的主干高度，以不妨碍车辆及行人通行为度，同时应充分估计到所保留的永久性侧枝，在成年后由于直径的增粗距地面的距离会降低，因此必须留有余量。枝下高的标准，我国一般掌握在城市主干道为2.5～4m之间，城郊公路以3～4m或更高为宜。枝下高的尺寸在同一条干道上要整齐一致。

（4）树冠开展性　行道树的树冠，一般要求宽阔舒展、枝叶浓密，在有架空线路的人行道上，行道树的修剪作业是城市树木管理中最为重要也最费投入的一项工作，行道树的修剪要点为，根据电力部门制定的安全标准，采用各种修剪技术，使树冠枝叶与各类线路保持安全距离，一般电话线为 0.5m、高压线为 1m 以上。在美国，一般采用以下几种措施：降低树冠高度，使线路在树冠的上方通过；修剪树冠的一侧，让线路能从其侧旁通过；修剪树冠内膛的枝干，使线路能从树冠中间通过；或使线路从树冠下侧通过，以利于自然长成卵球形的树冠。每年修剪的对象主要是枯死枝、病虫枝和伤残枝等。

3.3.1.3 行道树的修剪要点

行道树必须有一个通直的主干，其主干的高度与街道的宽窄有关，街道较宽的行道树，主干高度以 3～4m 为好，窄的街道主干应为 3m 左右；公园内的园路树或林荫路上的树木，主干高度以不影响游人行走为原则，通常枝下高在 2m 左右。行道树的主干和主枝是在苗圃阶段培养成的。

树形在定植以后 4～6 年形成，成形后的行道树不需要大量细致的修剪，而需要经常进行常规修剪即可维持理想的树形。

行道树除要求具有直立的主干以外，一般不要求特殊的造形，采用自然的有中干的疏散形比较好。分为中干强、较强和中干不强或不明显的两种。有强、较强中干的行道树一般栽植在道路比较宽或上面没有架空线的街道上；中干不强或不明显的行道树通常栽植在比较窄或上面有架空线的街道上。但是街道上有架空线是常有的事，所以，行道树采用的树种分两种情况：无架空线的街道应选用顶端优势强的树种；有架空线的街道应栽种顶端优势较强或不强的树种，在此种情况下，在定植前就将中干剪断，俗称“抹头”，然后选留向外侧生长的枝条作为主枝，疏除直立向上生长的枝条，以防止直立枝尽早地接触电线。早期树形为圆头形或扁圆形，待树木长大以后，有的枝条将接近电线时，逐渐疏除向电线方向生长的枝条，使其形成杯状形，最后令骨干枝从两边抱着电线生长，称之为“穿弄膛”，此种修剪也能形成较大的树冠。为达到此目的，在设计与定植时，栽植地点没有地下管线和其他干扰最好将树木栽植在架空线下面，否则树木长大后修不成两侧对称的树冠而形成偏冠，不仅难看，而且需要经常地修剪，既费工又费时。

对此类树木进行修剪时，应注意剪口芽（枝），选留外侧芽（枝），使枝条的角度开张，但也不能强修强抹，以免造成架空线下面太空当。尽量将剪口选在一个侧枝的上方，不要留秃撅，留有秃撅一则不好看，二则易生徒长枝，很快又发生新的矛盾。

此外，行道树要考虑装饰性的需要，由于行道树代表着一个城市的面貌，因此要求高度和分枝点基本一致，树冠整齐；装饰性才强。有的采用高大的自然树形，以呈现出庄严的气氛。

在地下水位高、土层薄或多大风的地方，应将行道树的主干和树高适当降低，树冠相应缩小，绝不应该因追求美观与气魄，强求应用某种树形，这样做会适得其反，树木生长不好，反而达不到预期的效果。一般在这种情况下，将行道树整剪成自然杯状形或自然圆头形。

一般情况下，对行道树的修剪本着去弱留强的原则，并及时疏除病虫枝、衰老枝、交叉枝、冗长枝等，保证通风透光，旺盛生长。在生长季树干上萌生的枝条要趁没有木质化之前抹掉，不然长大后会影响交通；同时，枝条木质化后再疏除会在树干上留下疤痕，有碍于美观；还会因萌生枝条消耗养分、水分，木质化后再剪除，常会出现在伤口愈合后再发萌蘖枝的现象，反复循环进行，而使营养不必要的被消耗。行道树的枝条与架空线的距离超过园林单位规定的标准时（表3-3），应立即派人进行修剪，以免发生危险。由于行道树一般都比较高大，所以修剪时一定要注意安全，严格遵守作业安全规章制度。

表3-3 行道树的枝条与空架线的水平和垂直距离 单位：m

项目	一般电力线	电信明线	电信架空电缆	高压电力线
乔灌木	3	2	0.5	5

行道树一般使用树体高大的乔木树种，主干高要求为2～2.5m。城郊公路及街道、巷道的行道树，主干高可达4～6m或更高。

3.3.2 庭荫树和孤植树修整

在修剪庭荫树和孤植树时，尽可能使树冠大一些，以最大可能发挥其遮阴等防护功能，而且对一些树皮薄的种类还有防止日灼伤害干皮的作用。一般认为，以遮阴为目的的庭荫树的树冠，占树高的比例以2/3以上为最佳，以不小于1/2为宜；如果树冠太小，则会影响树木的生长与健壮。

庭荫树通常采用自然树形，不需要特别细致的修剪，通常只需进行常规修剪。在休眠季，劳力不紧张时，将过密枝、伤残枝、病枯枝及扰乱树形的枝条全部疏去，培养健康的、挺拔的树木姿态，给人以健康、整洁的观感。也有的根据配置的要求，进行特殊的造型和整剪，以呈现更佳的观赏效果。

庭荫树应具有庞大的树冠与挺秀的树形、平整或光滑的树干。这类树木整形时首先是培养一个高低适中、挺拔粗壮的树干。树木定植后，尽早把1.0～1.5m以下的枝条全部疏除，以后随着树体不断地增大再逐年疏除树冠下部的分生侧枝。作为遮阴树，树干高度相应要高些，要为游人提供在树下自由活动的空间，一般枝下高应在1.8～2.0m之间。栽植在山坡或花坛中央的观赏树木，主干大多不超过1m。庭荫树和孤植树的主干高度无固定的规定，主要应该与周围环境条件相适应，同时还要取决于立地的生态条件与树种的生态习性及生物学特性。

3.3.3 灌木类修整

灌木类的整形工作主要是形成平衡而匀称的空间骨架和丰满匀称的灌丛树形。它们的整形修剪在出圃定植时就已开始，常用的方法有疏枝、回缩、短截。落叶灌木应保留3～5个健壮的垂直主枝，侧枝剪去一半，每个枝条上保留2～3个壮芽，翌年再短截新梢长度的1/3，疏除过密枝；常绿灌木修剪较少，一般选留3个强枝，其他只进行轻截，翌年疏除过密枝条。

3.3.3.1 观花类

观花灌木及小乔木种类很多，株形与花色各异，其生长习性各不相同，要使它们生长旺盛，花繁叶茂，除应进行一般的养护管理外，合理进行整形修剪，是一项非常重要的技术措施。因此，以观花为主要目的的树木修剪，必须考虑其开花习性、着花部位及花芽的性质。下面根据开花的时间从两个方面进行说明。

（1）早春开花的种类　这一类树种的修剪方法以截、疏为主，并综合应用其他修剪方法，绝大多数的花芽是在头一年的夏秋时期进行分化的，所以花芽着生在二年生枝上，个别的在多年生枝上也能形成花芽。以休眠季修剪为主，夏季补充修剪为辅。

修剪时应注意以下事项。

① 首先观察原有树体结构是否合理，同级骨干枝生长势是否均衡，配置是否得当，如果发现生长势不平衡，结构也不合理，要立即进行调整与改造，实在改造不行的话，只好将不需要的大枝疏除。整形的目的是调节树势，促使根系健壮生长，株形完美，枝条疏密适度，花芽饱满，花朵大，花色艳，花期长。

② 在不断地调整和发展原有树形的基础上，先进行常规修剪，即疏除病虫枝、衰老枝、交叉枝、冗长枝及一切扰乱树形的枝条，以使光照充足，通风良好，减少病虫害，以延缓植株的衰老。

③ 具有顶花芽的种类，花前绝不能短截花枝；具有腋花芽的种类，在花前可以短截花枝。但对具有拱形枝条的种类例外，如连翘、迎春等，虽然其花芽着生在叶腋中，但也不能实施短截，因为人们欣赏的是其拱形的枝条，只能进行疏剪与回缩。此处讲的疏剪主要指的是常规修剪；回缩是缩剪老枝，促发强壮的新枝，以使树形饱满、强健。

④ 具有纯花芽的种类，短截时剪口芽不能留花芽；具有混合芽的种类，短截时剪口芽可以留花芽（混合芽）。

在实际生产中，此类树木大多数只进行常规修剪，也就是将枯死枝、病虫枝、过密枝、交叉枝、徒长枝等一一疏除，不需要特殊造型和整剪；而有些种类除进行常规修剪外，还需要进行造型与花枝组的培养，以提高艺术效果。

（2）夏秋开花的种类　此类树木的花开在当年抽生的新梢上，通常所说的“先叶后花”的树木，就是指的这一类，其花芽是在当年春天发出的新梢上形成，如八仙花、紫薇、珍珠梅、木槿等。此类树木的修剪一般不在秋季进行，而是在早春，树液开始流动前实施，以免秋季枝条受刺激后发生新梢，遭受冻害。修剪方法因树种而不同，主要是短截和疏剪相结合。有个别的种类，花后需要去残花，使养分集中，延长花期，如紫薇通常花期只有20多天，去残花后，花期可以延长到100多天。此类树木修剪时应特别注意，不要在花前进行重短截，因为这类树木的花芽大部分着生在枝条的上部和顶端。

3.3.3.2　观果类

园林树木中有不少观果的种类，有的观其果实漂亮的颜色和繁多的数量，如金银木、枸骨、山楂、苹果等；有的观其果实的硕大，如柚子、木菠萝等；有的观其别致的果形，如佛手。事实上这一类有的既观花，又观果，所以其修剪的时间和方法与开花的种类相同，不同的是花后不短截，因为短截后将大量的幼果剪除，影响以后结实量；重要的是要疏除过密枝，以利通风透光，减少病虫害，果实着色好，提高观赏效果。为了使果实大而多，往往在夏季采用环剥、缚缢或疏花疏果等技术措施。

3.3.3.3　观枝类

这里讲的观枝实际是指观赏枝（树）皮的颜色与干形，如棣棠枝皮为绿色，红瑞木枝皮为红色，常常留作冬季观赏。为了使其观赏时间长，往往不在秋季修剪，而在翌年早春芽萌动前进行。这类树木的嫩枝鲜艳，老干的颜色往往较为暗淡，所以年年都要重剪，以促发更多的新枝，同时还要逐步去除老干，不断地进行更新。观树皮的有白皮松、长白赤松、木瓜、榔榆、光皮株木、红皮山桃、紫竹等；观干形的有酒瓶椰子、世界椰、佛肚竹等；红树可观其庞大的支柱根。

3.3.3.4 观叶类

这一类比较复杂，有的观其早春幼叶的颜色，如悬铃木幼叶叶背呈现绿白色，如果俯瞰好似一朵朵小白花，非常好看；七叶树幼叶为铜红色，栾树幼叶也为铜红色，很有观赏价值。有的早春叶片为紫红色，到夏天只有嫩梢上的叶为紫色，其他部分的叶片为暗绿色，如紫叶桃、绚丽海棠等。有的观其秋色叶，如黄栌秋季叶色变为橘红色；银杏秋色叶为柠檬黄色；元宝枫秋叶红色或黄色。有的常年叶色为紫色或红色，如紫叶李、紫叶矮樱、紫叶小檗、王族海棠、红枫等。有的终年为黄色或花叶的有黄金球柏、黄叶槐、金叶连翘、洒金东瀛珊瑚、七彩朱槿等。有的不修剪，叶子不变色，如金叶女贞。其中，有的还是很好的观花树木，在园林中既观花又观叶的种类，往往按照开花的类型进行修剪；其他的观叶类一般只进行常规修剪，不要求细致的修剪和特殊的造型，主要观其自然之美。观秋色叶的种类，要特别注意保叶的工作，防止病虫害的发生。切忌夏季重剪和 7 月以后的大肥大水，因为这两种技术措施都会造成树木贪青徒长，使组织发育不充实，冬季严寒时，会发生冻害；同时，叶子生长过旺，到气温降低时，叶子不变色，温度再继续降低，枝梢失水抽干，叶子干枯在枝梢上经冬不落。

3.3.3.5 观形类

观形的种类很多，有落叶的也有常绿的，落叶的有垂枝梅、垂枝桃、曲枝山桃、合欢、龙爪槐及鸡爪槭等；常绿的有雪松、龙柏、桧柏、油松等。落叶类更多的时间是观其潇洒飘逸的树形，修剪因种类不同，垂枝桃、垂枝梅、龙爪槐短截时，不能留下芽，而留上芽；雪松、龙柏、桧柏、油松、合欢、鸡爪槭树成形后只进行常规修剪。

3.3.3.6 放任生长树的修剪

对放任生长的乔木修剪时，首先要对树木的整体进行分析，找出影响树形的主要原因，然后研究对策。一般的程序是，先进行常规修剪，然后将妨碍树形的大枝疏除。不会修剪的人往往先剪小枝，这是不对的，因为先剪小枝，剪了很长时间，最后发现是一个或几个大枝在影响树形，回过头来只好再疏除大枝，结果前面的工作白做。如果大枝过多，一定采取逐年剔除，绝不能为了追求某种树形而过急地进行大砍大剪，其结果会影响树木生长势。树木生长势一旦严重地下降，以后再修剪就更难了，因为生长势下降，枝条抽生的又少又短，无法下剪刀，所以对放任生长的树木修剪时应在不影响树势的前提下，分期分批逐年进行更新与修剪。在去除有碍大枝的同时，对生长势较强的其他大枝在枝叶过密的部位，有分枝的地方进行回缩，并调节枝叶量，以初步调整树势的均衡。以后每年除疏去原来计划剔除的大枝外，根据各年生长发枝的情况，疏除细弱的和无用的枝条，多留强壮的枝条，并选用合适的健壮枝作为延长枝，同时注意在各个部位培养枝组，大约经过 3～4 年的时间，一株健壮的较为理想的乔木会展现在你的面前。

对放任丛生灌木的修剪，首先也是要分析其现状，这种灌木丛通常枝干特别多，而且又衰老，树冠内通风透光异常不良，树冠上面的叶子疏密不均。在这种情况下，首先应进行常规修剪，然后也是逐年分期分批将老干、老枝疏除，千万不要一次全部剪除，以避免抽生过多的萌蘖枝，无效地消耗营养，而且，抽生的枝条均较弱，很难进一步培养。例如，一株生长多年的黄刺玫，其上生长 20 多个老干，生长势很弱，必须进行更新，其做法：第一年冬季修剪时去掉 3～6 个老干，第二年的春夏季之交从基部发出的萌蘖枝中选出 3～5 个生长健壮、位置适中的枝条进行培养，令其将来形成主干，其余的萌蘖枝全部剪掉。第二年冬剪时再去掉3～6个老干，第三年的春夏季之交再选留生长强壮、位置适中的3～5个萌蘖枝进行培养，照此进行，大约3～4年，就可培养出一株圆整的灌木丛。对于抽生萌蘖枝特强的灌木，也可以进行“平茬”或重短截，令其重新发枝，这样处理会影响短期的观赏效果，在游人量多的地方，最好不用此法更新。“平茬”和重短截应用多次以后，灌木丛中心部分的老干基部发出的萌蘖枝通常很弱，周围萌生的枝条较强，时间长了，灌木丛很不紧凑，观赏效果大大降低。这时应将灌木丛起挖出来，将老的枝干和老的根系剔除，把生长健壮的新枝干重新进行栽植，通过此做法，可以进行很好的更新。

这类树木的修剪很难，因为这种树枝干又多又密，枝叶集中在树冠的上部，而枝条下部光秃，病虫害也多。更新回缩重了，不仅树木不成形，而且会削弱树木的生长势，修剪轻了又不起作用。所以，对这种放任生长树木的修剪，不要急于求成，要分几年逐步完成。同时应遵循“因枝修剪，随树做形”的原则，方可取得一定的效果。

3.3.4 藤本类修整

藤本植物多用于垂直绿化或棚架的制作，在自然风景区中，对藤本植物很少进行整形修剪。在园林绿地中根据其绿化方式进行整剪，但整剪一般来说也比较简单，不像果园栽培葡萄那样烦琐，藤本类整剪一方面取决于其生长发育习性，另一方面取决于其应用的方式。藤本类的应用方式归纳起来有下面几种。

3.3.4.1 棚架式

其形式是卷须类和缠绕类藤本植物采用最多的形式，棚架有正方形、长方形、圆形、多边形、复合形等。整形前，首先要建立坚固的棚架，然后在棚架的旁边种上应用的藤本类植物，树木成活后为了使其发出数条强壮的主蔓，在离地面处重截。当主蔓再伸长后，诱引其上架，逐步使其蔓延于架顶，并使其侧蔓均匀地分布在架面上。这样很快形成荫棚。形成荫棚速度的快慢取决于植物的种类、架面大小、栽植密度等。

在寒冷地区栽植不耐寒的藤木，冬季需要下架，同时将病虫枝、老弱枝等剪除，经盘卷扎缚后埋于土中。第二年再行出土上架。对于耐寒的种类，如紫藤，不用下架埋土防寒等工作，只要隔年将影响观赏的枝条剪除即可。

在这里特别要提出的是，棚架的式样一定要与周围环境协调，不可单纯地追求大、追求洋、追求多样。如果这样，不但得不到好的观赏效果，反而增加成本。

3.3.4.2 篱垣式

多用于卷须类及缠绕类植物。将侧蔓水平引缚，每年对侧枝短截，形成整齐的篱垣式。篱垣式又分为垂直篱垣式和水平篱垣式。前者适用于形成距离短而较高的篱垣。后者适合于形成长而较低的篱垣。依其水平段层次的多少又可分两段式、三段式等。

3.3.4.3 凉廊式

常用卷须类及缠绕类，亦有采用吸附类植物的，因为凉廊侧方建有格架，为使枝蔓布满架面，所以主蔓勿过早诱引至廊顶，否则容易形成侧面空虚。

3.3.4.4 附壁式

本式多用吸附类植物为材料，方法很简单，只要将藤蔓引上墙即可自行依靠吸盘或吸附根逐步布满墙垣。如地锦、凌霄、扶方藤、常春藤等。此外，在庭院中，还可在壁前20～50cm处设立格架，在架前栽植蔓生蔷薇等开花繁茂的种类。这种方式多用于建筑物的墙前(似篱垣式)。附壁式整形，在修剪时应注意使壁面基部全部覆盖，蔓枝在壁面上分布均匀，不互相重叠和交叉。

附壁式整形最不容易维持基部枝条茂盛的生长，往往会导致下部空虚。对此应采取轻、重相结合的修剪以及应用曲枝诱引等综合措施，并加强养护管理工作。

3.3.4.5 直立式

对于茎蔓粗壮的种类，如紫藤，可以整剪成直立灌木式。其主要方法是对主蔓进行多次短截，此时应注意剪口芽留的位置，要一年留左边，另一年留右边，应彼此相对，目的是将主蔓培养成直立的、强健的主干，然后对其上的枝条进行多次的短截，以形成多主枝式或多主干式繁茂的灌木丛。此整形方式应用于园路旁、山石旁、草坪上或水边，均可以收到良好的效果。

3.3.4.6 图案式

此种形式在园林中应用最多的植物种类是各种蔷薇，如花旗藤、十姐妹、白玉棠等，它们的枝条长而柔软，留枝的长短可任意取舍，还可以自由地改变它们的生长方向。这些种类又极耐修剪，生长速度又快，定植后2～3年就可以基本成形。

这些植物在苗圃期间，人为地保留一根粗壮的主干，将多余的丛生枝条剪除。其主干很短，在主干上面均匀地选留主枝，将来可以利用这些主枝制作各种图案。

在苗木定植前，首先要建立支架或埋设混凝土支柱，上面拉上铅丝；或用木材专门制作各种形式的透孔立架，将藤木按一定株距栽在立架的下面，原来保留下来的主枝，按照预先设计好的图形格式，牵引绑扎在立架上。如果要建立月季花墙，则将主枝呈放射形绑缚于支架上，并疏除其余的弱小枝条。若应用一季花品种，要尽量多保留二年生枝蔓，因为二年生枝蔓可开大量的花，其他老、弱、病枝要及时疏除；并且架内要通风透光，以便多开花。花后可根据植株情况，从基部疏除三年生以上的老藤蔓，保留两年生的壮藤蔓，一方面进行更新复壮，另一方面可以让出空间，不断补充新枝开花，这样年复一年，植株体积不断扩大，花期时节花开满架，观赏效果非常好。如果采用一年开多次花的品种，枝蔓较短，且能反复开花，效果更佳。花后可不去残花，结果后，可观赏色彩鲜艳的果实。

如果将苗木定植在砖墙的前面，不需要设立支架，根据设计图案直接将枝条往墙上诱引，并用“U”形铁钉钉在墙上，将枝条固定在墙面上。这种造型相当别致，样式可以多种多样，既可以美化栅栏式围墙，又可以装饰陈旧的砖体墙面，还可以做花坛、草坪的背景材料。但是这种造型修剪相当费工，要经常地修剪与调整，才能长时间地保持完美的图案形式，往往是为了特殊的需要而做。

除此以外，还可以将藤本类植物整剪成柱状，用得最多的是月季，称之为月季花柱。具体做法如下：要事先准备好柱架，在柱架旁定植藤本月季，然后按顺时针方向向柱子上缠绕并扎缚诱导固定，生长期主蔓可抽生几个侧蔓，对侧蔓要随时扎缚诱导。在前三年要不断摘心促多生分枝，尽快成形。无论主蔓、侧蔓，绑缚时均要注意填补花柱的空隙。花柱形成后，要经常剪除内膛枯枝、病枝、弱小枝及过密枝，同时要适当更新基部4～5年生的老枝，令其多发新枝。

3.3.5 绿篱修整

绿篱栽植时，必须按设计要求进行，每行绿篱只能选择一个树种，不能随心所欲地去胡乱搭配树种，所有苗木的高度、干径、分枝大体上要相一致，以便为今后进行整形修剪打下良好的基础。

绿篱用苗以2～3年生苗最为理想。株距一定根据苗木生长的快慢决定，不可随意将绿篱苗一把一把地并排塞进沟里，两边埋上土。本想快速成形，尽早起到观赏作用，实际事与愿违，因为植株间过密，通透性差，病虫滋生；地下的根系由于没有很好地展开，影响了对水分与无机营养的吸收；加之可供营养面积小，造成营养不良，因而会出现成片的枯枝，严重的整片地死亡，不得不重新补植，造成成本增加、绿化效果差的后果。因此，栽植绿篱时，应该给植株日后生长发展留下一定的空间，通常的绿篱株距为20～30cm，双行成品字形栽植；采用开花灌木做绿篱，大多数按50cm左右的株距；用丛生性很强的蔷薇做花篱，株距应在1m左右。

绿篱定植后，按规定高度及形状，及时修剪，为促使其枝叶的生长最好将主尖截去1/3以上，剪口在规定高度5～10cm以下，这样可以保证粗大的剪口不暴露，最后用大平剪绿篱修剪机，修剪表面枝叶，注意绿篱表面必须剪平。

3.3.5.1 绿篱的修剪时期

定植后的绿篱，最好任其自然生长一年，以免修剪过早，影响地下根系的生长。从第二年开始，再按照要求的高度进行短截，修剪时要根据苗木的大小，分别截去苗高的1/3～1/2。为使苗木高度尽量降低，多发新枝，提早郁闭，可在生长期内进行2～3次的修剪。在2～3年内如此反复修剪，直到绿篱的下部分枝长得匀称、稠密，上部树枝彼此密接为止。

一般常绿针叶树的绿篱，于春末夏初进行第一次修剪。盛夏到来时，多数常绿针叶树的生长已基本停止，转入组织充实阶段，这时绿篱形状可以保持很长一段时间。立秋以后，如果水肥充足，会抽生秋梢并开始旺盛生长，此时应进行第二次全面修剪，以使绿篱在秋冬两季保持规整的形态，使伤口在严冬到来之前完全愈合。秋季修剪绿篱时，在北方不得迟于“白露节”，否则会在秋分前后萌生新芽，入冬肯定受冻，尤其是黄杨、大叶黄杨绝不可晚于“白露节”修剪。

黄杨等阔叶树种，一般在春季进行，针叶树种多于8～9月进行。绿篱养护修剪每年需修剪1次，一般一至三季度剪次，四季度过次。为迎节日，以在节前10日修剪为宜。

花篱大都不进行规则式整形修剪，而采用自然式，最好在花后进行修剪，这样既可防止大量结实和新梢生长而消耗大量营养，又可促进花芽分化，为来年或下期开花做准备。但平时要进行常规修剪，将枯死枝、病虫枝、生长过长过远扰乱树形的枝条全部一一剪除。

3.3.5.2 整形方式

(1) 自然式绿篱的整剪　这种类型的绿篱一般不进行专门的整形修剪，在栽培过程中仅做常规修剪，将老、弱、枯、病、虫、残等枝剔除。自然式绿篱多用于高篱或绿墙。对于萌芽力强，枝叶生长紧凑的灌木或小乔木，在适当的密植时，侧枝相互拥挤、相互控制其生长势，会很快形成一条很好的高篱或绿墙。

(2) 整形式绿篱的整剪　整形式绿篱是通过修剪，将篱体整剪成各种形状，最普通最常见的是梯形。

为了保持绿篱应有的高度和平整、匀称的外形，应经常将突出轮廓线的新梢剪平、剪齐。正确的修剪方法，应先剪其两侧，使其侧面成为一斜面，两侧修完后，再修平顶部，整个断面呈梯形。这种上小下大的梯形，可使上下部枝条的顶端优势受损，刺激上下部枝条再长新枝，而这些枝条的位置，距离主干相对变近，有利于获得充足的养分。同时，上小下大的斜面有利于绿篱下部枝条获得充足的阳光，从而使全树枝叶茂盛，维持漂亮的外形。如果对绿篱侧面的修剪强度完全一致，其断面形成上下垂直的方形，其顶部容易积雪，受压后变形；下部的枝叶会因长期处于树阴下，阳光不足而逐渐发黄、枯死落叶。

对于整形式的高篱，除了种植密度适当外，修剪也不可忽视，特别要注意生长势均衡的问题，尽量不要出现上部生长势强，下部生长势弱的现象。如果这样，天长日久，下部枝叶干枯脱落，一条绿篱仅上端枝叶和花密生，下部光秃裸露，美化效果会大大降低。高篱栽植完后，必须将顶部剪平，同时再将侧枝一律剪短。待来年春天，存于根部的营养向上运输时，大大缩短了运输距离，也就增强各枝顶端对上行营养液的拉力，有利于养分向全树各部分均匀分配，从而增强芽的萌发力，可以克服枝条下部“光腿”现象。每年在生长季均还应进行一次修剪。

在进行整体成形修剪时，为了使整个植篱的高度和宽度均匀一致，最好像建筑工人一样，打桩拉线进行操作，以准确控制篱体的高度和宽度。

当前园林实践中，许多地方修剪绿篱时，只剪平顶部，很少修剪或根本不修剪两侧枝条。这样下部的枝条终年得不到阳光照射，又没有外来的刺激，使下部枝条生长得很弱，有的逐渐干枯死亡，形成基部光秃，从断面上看绿篱形成上大下小的杯形。在比较寒冷的地区，有将绿篱顶部整剪成圆顶形，易于积雪向地面滑落，以防止绿篱压弯变形。

3.3.5.3 绿篱的更新复壮

绿篱的更新，一般需要三年。第一年是疏除过多的老干。因为绿篱经过多年的生长，在内部萌生了许多新主干，从而使主干密度增加。加之，每年短截新枝，促发许多枝条，造成整个绿篱内部不通风、不透光，特别是处于里面的主干下部的叶片枯萎脱落，因此，必须根据实际密度要求，疏除过多的老主干，保留新的主干，使内部具有良好的通风透光条件，为更新后的绿篱生长打下基础。

第二年是短截主干上的枝条。将保留下来的主干，逐个进行回缩更新修剪，主干保留高度视周围环境与树种而定，一般保留 30cm。对于所保留的侧枝，先行疏除过密枝，然后回缩修剪保留的枝条，通常每枝留 10～15cm 长度即可。第二年对新生枝进行多次轻剪（截），促发分枝；第三年再将其顶部剪至略低于所需要的高度，以后每年进行重修剪。

选择适宜的绿篱更新时期也很重要，常绿树可选在 5 月下旬至 6 月底进行；落叶树以秋末冬初进行为宜，同时要加强肥水管理和病虫害的防治工作。作为绿篱用的花灌木大部分愈伤和萌芽能力很强，对于萌芽能力较强的种类，当它们衰老变形以后，可以采用平茬的方法进行更新，仅保留一段很矮的主干，而将地上部分全部锯除。平茬后的植株因有强大的根系，而芽的萌发力特别强，在 1～2 年内又可长成绿篱的雏形，3 年以后就能恢复原有的绿篱形状。

绿篱在修剪时应依植物的生长发育习性进行修剪，注意以下几个要点。

① 先开花后发叶的树种。此类树种的修剪可在春季开花之后进行，而对于一些老枝、病枯枝，则可适当疏剪。重剪可以促使枝条的更新，轻剪可以维持树形。

② 花开于当年新梢的树种。此类树种的修剪可在冬季或早春时候进行，例如山梅花等可行重剪以使新梢强健，而月季等花期较长的，除了早春重剪老枝外，还应在花后将新梢修剪，以利其多次开花。

③ 萌芽力极强或冬季易干梢的树种。此类树种的修剪可在冬季进行重剪，在春季则加大肥水的管理，以促使新梢的早发。

④ 梯形修剪。根据植物的需光性，可以把绿篱修剪成为梯形。这样有利于下部枝叶因受到充足的阳光而生长茂密，不易发生下部干枯的空裸现象。

⑤ 统一形式。绿篱的修剪应与平面栽植的形式相统一，修剪时，立面的形体要与平面的栽植形式相和谐。例如在自然式的林地旁，可以把绿篱修剪成高低起伏的形式；而在规则式的园路边，则可将其修剪出笔直的线条。

3.3.6 移植类修整

在进行树木起苗、运输过程中易造成树木损伤，为了提高成活率、培养树形、减少自然伤害，使其在栽植之后能够产生一定的景观效果，就必须通过修剪来调整。可适当进行重剪但前提是不影响树形美观。修剪可以在起苗时进行，也可在栽植时进行。如果在起苗时进行修剪，可减少植株的重量和体积，考虑运输过程中可能损伤的枝条，应避免对树木的过度修剪。

3.3.6.1 栽植修剪的目的

栽植修剪主要有以下几个方面的目的。

① 通过修剪，保持树体水分代谢的平衡，能够确保树木成活。移植树木，不可避免地造成根系损伤，根冠比失调，使得根系难以补足枝叶所需的水分。降低水分蒸腾量，保持上下部水分平衡，采取对枝叶进行修剪的措施。以上是栽植修剪的主要作用。

② 通过栽植修剪，减少树体起、运、栽过程所受到的伤害。修剪时剪除病虫枝、枯枝死枝以及损伤的枝条，通过修剪可以缩小伤口，促进根系愈合。

③ 通过栽植修剪，培养树形。栽植修剪不能为了成活而不考虑景观效果，需要按预期观赏效果对所栽植的树木进行适当修剪。

3.3.6.2 修剪时间

各种树种、树体及观赏效果不同导致修剪时间存在差异。一般高大乔木在栽植前进行修剪，植后修剪较困难。通常植后修剪的树木如花灌木类枝条细小的苗木，便于成形。绿篱类需植后修剪，以保景观效果。需用手锯修剪的树木如茎枝粗大的情况，可植前修剪。植前修剪效果好也包括带刺类苗木。

3.3.6.3 不同树种的修剪要求

在修剪不同种类的树木时应以树种的基本特点为依据，不可违背其自然生长的规律。修剪方法、修剪量因树种不同、所要求的景观效果不同有所差别。

(1) 落叶乔木的修剪要求　对于长势较强、容易抽生新枝的如杨、柳、榆、槐等树种，可进行强修剪，一般树冠至少剪去一半以上。根系负担可以相应减轻，保持树体的水分平衡，减弱树冠招风、摇动，提高树体的稳定性。对于具有中央领导干的树种，应尽量保护或保持其存在，疏枝去除不保留的枝条，一般保留枝条采取短截，一直保留到健壮芽的部位；中心干不明显的树种，可用直立枝代替中心干生长，通过疏剪或短截控制与直立枝条竞争的侧生枝。有主干无中心干的树种，由于主干部位枝的树枝量大，修剪时可在主干上保留小部分主枝，其余疏剪，而保留的主枝通过短截进而形成树冠。乔木树种在修剪中定出主干高度。

（2）常绿乔木的修剪要求　对于枝条茂密的常绿阔叶树种，可通过适量的疏枝保持树木冠形和树体水分、代谢平衡，而下部通过利用疏枝办法在主干高度的基础上要求调整枝下高。在修剪时只剪除常绿针叶树病虫枝、枯死枝、生长衰弱枝及过密的轮生枝及下垂枝即可，不宜过多地进行修剪。常绿树及珍贵树种应酌情疏剪和短截，以保持树冠原有形状。

（3）花灌木的修剪要求　花灌木类修剪需要了解树种特性及起苗方法。湿润地区带宿土的苗木及已长芽分化到春季时会开花的树种，应少做修剪，仅剪除枯枝、病虫枝。当年成花的树种，可采取短截、疏剪等较强的措施进行修剪，更新枝条。枝条茂密的灌丛，一般采取疏枝以减少其所消耗水分量，使其外密内疏，通风透光。对于嫁接苗木，除对接穗修剪以减少水分消耗、促成树形外，砧木萌生条也一律除去，杜绝出现营养分散的情况而导致接穗死亡。对于根蘖发达的丛木，通常疏剪老枝，对植后不断更新有很大帮助，旺盛生长。带土球的苗木一般也应少做修剪，仅剪除那些枯枝、病虫枝。

（4）绿篱的修剪要求　绿篱在苗圃生产过程中基本上成形，且多土球栽植，对其修剪主要是为了植后的景观效果。所以，要获得较好的景观效果，绿篱通常在植后进行修剪。

3.4 古树名木的修整

古树名木是一种独特自然景观，见证了人类社会历史的发展，其本身就具有极高的景观与人文价值。随着城市文明的不断提高，古树名木也越来越受到社会各界的关注和重视，并逐渐成为一种不可再生的重要生态景观元素。我国的古树名木一直受到各方面的关注与保护。各地都十分重视对古树的保护，但在一些地区城市发展、风景区和旅游区开发中仍有损伤古树的现象。国家为此颁布了古树名木保护条例，从法律上加强了对古树名木的保护。正是由于古树名木的这种特殊性，所以单独介绍其修整的特殊性。关于古树名木，一般认为有很大年龄的树木即为古树，而在历史上有典故、有文化内涵的古树称为名木。《中国农业百科全书》将古树名木定义为：树龄在百年以上的大树，具有历史、文化、科学或社会意义的木本植物。国家环境保护部对古树名木的定义为：一般树龄在百年以上的大树即为古树；而那些稀有、名贵树种或具有历史价值、纪念意义的树木则可称为名木。《城市绿化条例》第25条规定：百年以上树龄的树木、稀有种类的树木、具有历史价值或重要纪念意义的树木，均属古树名木。

在了解了古树名木的定义之后，能够清楚地认识到其在园林景观植物中的重要性，通过了解和把握古树名木的立地条件、长势以及古树名木自身所特有的情况，以利于专业人员对古树名木进行修整，以此达到让古树名木永葆青春、永放光彩的目的。

3.4.1 古树名木的修整背景

任何树木都要经过生长、发育、衰老、死亡的过程，这是不可抗拒的客观规律。古树衰老也是其正常的生命过程，但是，在古树名木养护与管理中，通过了解古树衰老的原因，可以采取适当的措施来推迟其衰老阶段的到来，延长古树的寿命，甚至可以促使其复壮而恢复生机，以使古树发挥更好的景观作用。因为百年以上的树木就可列为古树，但从树木的生命周期看，相当一部分树种在百年树龄时还处于旺盛生长阶段。因此这里所述的古树衰老，是指生物学角度上的衰老，而非进入衰老期。树木由衰老到死亡不是简单的时间推移过程，而是复杂的生理生化过程。木衰老是树种自身遗传因素、环境因素以及人为因素综合作用的结果。以下主要从环境因素和人为因素入手探究古树衰老的原因。

3.4.1.1 古树生长条件差

（1）地上地下营养空间不足　有些古树栽在地基土上，植树时只在树坑中换了好土，使根系很难向坚土中生长，由于根系的活动范围受到限制，营养缺乏，致使树木衰老。还有很多古树名木由于城市建设，周围常有高大建筑物，树体的通风和光照条件受到严重阻滞，造成偏冠，且随着树龄增大，偏冠现象就越发严重。这种根系的活动范围受到限制与树冠的畸形生长，往往导致树体重心发生偏移，枝条分布不均衡。当出现自然灾害，在雪压、雾凇、大风等异常天气的外力作用下，树木极易造成枝折树倒，尤其是阵性大风，对偏冠的高大古树的破坏性更大。

（2）土壤板结　土壤板结造成通气不良，也对古树生长产生严重阻碍。古树多生长在宫、苑、寺、庙或宅院、农田和道旁，因其土壤深厚疏松，排水良好，小气候条件适宜，所以生长良好。但是经过历史的变迁，人口剧增，其原生环境或多或少受到了破坏。尤其是随着经济的发展，城市公园里游人密集，使得地面受到大量践踏，造成土壤板结，密实度高，团粒结构遭到破坏，透气性降低，自然含水量下降，机械阻抗增加。在这样的土壤中，根系生长严重受阻，树势愈渐衰弱，严重影响古树的生长。

（3）树干周围铺装面过大　在一些公园和景点，为方便游人观赏，常在古树下地面周围用水泥砖或其他硬质材料进行大面积铺装，仅留下面积较小的树池。铺装地面不仅会加大地面抗压强度，造成土壤通透性能的下降，还使土壤与大气的水汽交换大大减弱，从而大大减少了土壤水分的积蓄、通透程度，致使根系处于透气、营养及水分极差的环境中。长期处于这种土壤环境的古树易变得生长衰弱。

（4）土壤剥蚀与挖方、填方的影响　有的古树生长在有坡面的地方，土壤裸露，表层剥蚀，水土流失严重，可能导致古树根系外露。土壤剥蚀不但使土壤肥力下降，而且易使表层根系遭干旱和高温伤害或死亡，还可能因人们攀爬造成人为擦伤，从而抑制根系生长。挖方产生的危害与土壤剥蚀相同，也会造成根系损伤并抑制根系生长。而填方则易造成根系缺氧窒息而死。因此，城市的建筑、道路工程施工都会破坏古树的生态条件，使树木衰老。

（5）土壤营养不足　土壤营养不足是古树生长受限制的重要因素。因为古树长期固定在某一地点经过成百上千年的生长，根系不断吸收与消耗所控范围的大量营养物质，如果很少有枯枝落叶归还给土壤，同时古树持续不断地吸收消耗土壤中各种必需的营养元素，而又得不到自然补偿以及定期的人工施肥补给养分，就容易造成土壤中某些营养元素的贫缺，导致养分循环利用差。这种土壤不但有机质含量低，而且缺乏一些古树生长必需的元素，而另一些树木需求量少的元素却可能由于积累过多而对树体产生危害。根据对北方古树营养状况与生长关系的研究发现，当古树缺乏所需时，其生理代谢过程失调，树体衰老加速。例如古柏土壤缺乏有效铁、氮和磷，古银杏土壤缺钾而镁过多都会造成古树衰老。

（6）土壤的严重污染　土壤污染随着城市建设的进程愈来愈严重，也会对古树生长造成影响。例如，一些人在公园古树林中开展各种活动，产生大量垃圾污染土壤，或者乱倒污水，甚至有增设临时厕所的，会导致土壤盐化。也有一些工程项目施工中将水泥、石灰、沙砾、炉渣等堆放在古树根系附近，也会恶化土壤的理化性质，加速古树的衰老。

3.4.1.2 病虫危害

许多古树的机体衰老与病虫害有关。古树的病虫害与一般树木相比发生的概率要小得多，而且致命的病虫也比一般树木更少，但是，高龄的古树大多已开始或者已经步入了衰老至死亡的生命阶段，其树势衰弱已是必然，对病虫害的抗性也相应下降。此时古树易受病虫害的侵袭，若养护管理不善，或有人为和自然因素对古树造成损伤，则会为病虫的侵入提供条件。如果遭受病虫害的古树得不到及时、有效的防治，其树势衰弱的速度将会进一步加快。例如，小蠹甲类害虫对古松、柏产生严重危害，还有天牛类、木腐菌侵入等会加速古树的衰老。因此在古树管理与保护工作中，及时有效地对主要病虫害进行控制，是一项极其重要的措施。

3.4.1.3 自然灾害

(1) 大风　对古树产生危害的大风一般是7级以上的大风，主要是台风、龙卷风和其他一些短时风暴。大风可吹折枝干或撕裂大枝，严重者可将树干拦腰折断。不少古树因蛀干害虫的危害，其枝干中空、腐朽或有树洞，则更容易受到风折的危害。枝干的损害直接导致叶面积减少，使树木缺乏营养而长势衰弱，同时易引发病虫害，使本来生长势弱的树木更加衰弱，严重时可能导致古树死亡。

(2) 雷电　雷电的危害在古树中比较普遍。古树一般较为高大，易成为尖端而遭到雷电袭击。雷电的袭击会导致树头枯焦、干皮开裂或大枝劈断，使树势明显衰弱。

(3) 干旱　干旱也是造成古树衰老的重要原因。持久的干旱会使古树发芽推迟，枝叶生长量减小，枝的节间变短，同时使叶片因失水而发生卷曲，严重时可使古树落叶、小枝枯死。树木缺水则树体难以维持平衡，抗性降低，易遭病虫侵袭，从而导致古树的进一步衰老。

(4) 雪压、雨凇（冰挂）、冰雹　树冠雪压是造成古树名木折枝毁树的主要自然灾害之一，尤其是在大雪发生时，若不能及时进行清除，常会导致毁树事件的发生。因此一般有古树生长的公园或景区，每在大雪时节都应安排及时清雪，以免雪压毁树。雨凇（冰挂）、冰雹是空气中的水蒸气遇冷凝结成冰的自然现象，一般发生在4～7月份，此时气温骤降，对树木产生一定的影响。气温过低甚至会导致树体结合水凝固，且灾害发生时大量的冰凌、冰雹压断或砸断小枝、大枝，对树体会造成不同程度的机械损伤，都会削弱树势。这种灾害虽然发生概率较低，但是因为树木一般对其没有抗性，所以一旦发生，会产生严重后果。

(5) 地震　地震灾害虽然不是经常发生，但是一旦发生便会对古树产生影响。一般5级以上的强烈地震，对于腐朽、空洞、干皮开裂、树势倾斜的古树来说，会造成树体倾倒或干皮进一步开裂。

(6) 酸雨　酸雨是与人类活动相关的自然灾害。随着工业化的进程，化石燃料的燃烧以及工业采矿使硫和氮的氧化物排放增多，从而使局部地区雨水pH值降低，形成酸雨。我国的酸雨覆盖面积越来越大。酸雨会对古树造成不同程度的影响，不仅影响水分吸收，也改变土壤成分，严重时可使部分古树叶片（针叶）变黄、脱落。

3.4.1.4 人为活动的影响

(1) 直接损害　直接损害是指古树遭到人为的直接损害。如在旅游景点，有的游客在古树名木的树干上乱刻乱画或胡乱折枝；在城市街道与生活区，有人在树干上乱钉钉子或拴绳子、铁丝悬挂重物；在农村，有人将古树当作拴牲畜的桩，树皮遭受啃食的现象时有发生；更有甚者，对妨碍其建筑或车辆通行等原因的古树名木不惜砍枝伤根。这些都会对古树生长造成影响，严重者造成树木死亡。有时在树下摆摊设点，在树干周围堆放水泥、沙子、石灰、砖等建筑材料与建筑垃圾，在树木周围倾倒生活垃圾，也会造成土壤理化性质发生改变，土壤的含盐量增加，土壤 pH 值增高，致使树木所需的微量元素匮乏，从而导致营养平衡失调。

(2) 环境污染　人为活动造成的环境污染直接和间接地影响植物的生长，对古树来说，因为高龄而更容易受到污染环境的伤害，加速其衰老的进程。例如大气污染可能使古树名木叶片卷曲、变小、出现病斑，春季发叶迟，秋季落叶早，节间变短，开花、结果少等。土壤污染物还会对古树根系产生直接伤害，同时土壤污染也会对古树造成直接或间接的伤害。有毒物质对树木的伤害，一方面表现为根系发黑、畸形生长，侧根萎缩、细短而稀疏，根尖坏死等对根系的直接伤害；另一方面表现为抑制光合作用和蒸腾作用的正常进行，使树木生长量减少，物候期异常，生长势衰弱等，促使或加速其衰老，易遭受病虫危害的间接伤害。因此需要保护好古树生长的环境，以保证其正常生长，延缓衰老。

总的来说，树木都要经过发生、发展、衰老和死亡的生命过程。古树多处于生长盛期接近生命周期中的衰老阶段，不论其能活多少年终究要结束其生命过程。但是，因为古树具有重要的景观、历史文化、艺术以及科学研究价值，一般要尽量延缓其衰老，延长其寿命。在某种情况下，通过合理的栽培措施和环境条件的改善是可以延缓古树衰老的，甚至在一定程度下可得到复壮而延长寿命。

3.4.2 古树名木的修整方式

古树是经过几百年乃至上千年生长形成的，有着重要的生态、景观、科研以及经济价值，一旦死亡就无法再现。虽然古树不论能活多少年终究要结束其生命过程，但是在古树名木的养护管理中，一般要使其延缓衰老，必要时采取复壮措施延长寿命。古树的修整目的在于保持和增强树木的生长势，提高古树的功能效益，并使其延年益寿。在进行古树复壮的时候要找到古树加速衰老的原因，根据具体情况采取相对应的修整措施。

古树名木的整形修剪必须慎重处置。不仅由于整形修剪改变其景观效果，也因为不适当的修剪可能对树木产生严重伤害，影响生长。一般情况下，古树修剪以基本保持原有树形为原则，尽量减少修剪量，避免增加伤口数。在对病虫枝、枯弱枝、交叉重叠枝进行修剪时，应注意修剪手法，以疏剪为主，以利通风透光，减少病虫害滋生。对于必须进行更新、复壮的古树进行修剪时，可适当短截，促发新枝。古树的病虫枯死枝，应在树液停止流动季节抓紧修剪清理、烧毁，减少病虫滋生条件，同时美化树体。对槐、银杏等具潜伏芽、易生不定芽且寿命长的树种，当树冠外围枝条衰老枯梢时，可以用回缩修剪进行更新。有些树种根颈处具潜伏芽和易生不定芽，树木地上部死亡之后仍然能萌蘖生长者，可将树干锯除更新。但是，对于有观赏价值的干枝，则应保留，并喷防水剂等进行保护。对无潜伏芽或寿命短的树种，树木的整形修剪则主要通过深翻改土，切断 1cm 左右粗的根，促进根系更新，再加上肥水管理进行。

3.4.3 古树名木的复壮措施

我国在古树复壮方面的研究一直处于较高的水平。早在 20 世纪 80～90 年代，北京、黄山等地对古树复壮的研究与实践就已取得较大的成果，抢救与复壮了不少古树。例如北京市园林科学研究所发现北京市公园、皇家园林中古松柏、古槐等生长衰弱的根本原因是土壤密实、营养及通气性不良、主要病虫害严重等，并针对这些原因采取了一些改善生长环境复壮措施，效果良好。

树龄较高、树势衰老是古树名木的共同特点，因此造成树体生理功能下降，根系吸收水分、养分的能力和新根再生的能力下降，树冠枝叶的生长速率也较缓慢，在这种情况下，若遇外部环境的不适或剧烈变化，则极易导致树体生长衰弱或死亡。所谓更新复壮，是指运用科学合理的养护管理技术，使原来衰弱的树体重新恢复正常生长，延缓其衰老进程。必须指出的是，古树名木更新复壮技术的应用是有前提的，它只是针对那些虽然年老体衰，但仍在其生命极限之内的树体，对于已经达到正常寿限的古树则无法起到作用。

3.4.3.1 改善地下环境

因为树木根系复壮是古树整体复壮的关键，所以对于一般因土壤密实、通气不良的古树，应首先采取改善地下环境的措施使其复壮。改善地下环境就是为了创造根系生长的适宜条件，增加土壤营养促进根系的再生与复壮，提高其吸收、合成和输导功能，同时为地上部分的复壮生长打下良好的基础。

(1) 土壤改良、埋条促根　许多古树根系范围土壤板结、通透性差。可在这些地方填埋适量的树枝、熟土等有机材料，以改善土壤的保水性、通气性以及肥力条件，同时也可起到截根再生复壮的作用。主要用放射沟埋条法和长沟埋条法。具体做法是：在树冠投影外侧挖放射状沟4～12条，每条沟长120cm左右，宽为40～70cm，深80cm。应先在沟内垫放10cm厚的松土，再把截成长40cm枝段的一些作为营养物质的树枝缚成捆，平铺一层，每捆直径20cm左右，其上撒少量松土。每沟施麻酱渣1kg、尿素50g，同时，为了补充磷肥可放少量动物骨头和贝壳等或拌入适量的饼肥、厩肥、磷肥、尿素及其他微量元素等。覆土10cm后放第二层树枝捆，最后覆土踏平。若树体相距较远，则一般采用长沟埋条，挖宽70～80cm、深80cm、长200cm左右的沟，然后分层埋树条施肥、覆盖踏平。

也可考虑采用更新土壤的办法。如北京市故宫园林科，从1962年起开始用换土的方法抢救古树，使老树复壮。皇极门内宁寿门外的一株古松，当时幼芽萎缩，叶片枯黄，似被火烧焦一般。工作人员在树冠投影范围内，对主根部位的土壤进行换土并随时将暴露出来的根用浸湿的草袋盖上，挖土深0.5m，以原来的旧土与沙土、腐叶土、锯末、粪肥、少量化肥混合均匀后填埋其中。在换土半年之后，这株古松重新长出新梢，地下部分长出2～3cm的须根，表明复壮成功。至今，故宫里凡是经过换土的古松，均已返老还童，郁郁葱葱，生机勃勃。采用更新土壤的办法时，可同时深挖达4m的排水沟，下层垫以大卵石，中层填以碎石和粗沙，上面以细沙和园土覆平，以保证排水顺畅。

(2) 设置复壮沟、通气管和渗水井　城市及公园中严重衰弱的古树，地下环境复杂，有些地方下部积水严重，有些甚至是污水，不利于树木生长。必须用挖复壮沟、铺通气管和砌渗水井的方法，增加土壤的通透性，并将积水通过管道、渗井排出或用水泵抽出，才能使树木恢复生长。

复壮沟的位段通常在古树树冠投影外侧，一般要求挖掘沟深80～100cm，宽80～100cm，其长度和形状因地形而定，可以是直沟、半圆形或U字形沟。复壮沟内填物有复壮基质、各种树枝和增补的营养元素，在回填处理时从地表往下纵向分层，表层为10cm厚原土，第二层为20cm厚的复壮基质，第三层为约10cm厚的树枝，第四层又是20cm厚的复壮基质，第五层是10cm厚的树枝，第六层为20cm厚的粗沙或陶粒。

安置的管道通常为金属、陶土或塑料制品。一般管径10cm，管长80～100cm，管壁打孔，且外围包棕片等物，以防堵塞。每棵树约置管道2～4根，垂直埋设，下端与复壮沟内的枝层相连，上部开口加上带孔的盖，以便于开启通气、施肥、灌水，同时又不会堵塞。

渗水井的构筑一般在复壮沟的一端或中间，深为1.3～1.7m、直径1.2m的井。井四周用砖垒砌而成，下部不用水泥勾缝，井口周围抹水泥，上面加铁盖。通常井比复壮沟深30～50cm，可以向四周渗水，因此可保证古树根系分布层内无积水。在雨季水大时，如不能尽快渗走，则应用水泵抽出。井底有时还需向下埋设80～100cm的渗漏管。

通过设置复壮沟、管道和渗水井，古树所在地下沟、井、管相连，形成一个既能通气排水，又可供给营养的复壮系统，为古树根系生长创造了优良的土壤条件，有利于古树的复壮与生长。

3.4.3.2 地面处理

为了改变古树下的土壤表面受人为践踏的情况，使土壤能与外界保持正常的水汽交换，解决古树表层土壤的通气问题，可采用根基土壤铺梯形砖、带孔石板或种植地被的方法。一般在树下、林地人流密集的地方需要加铺透气砖，铺砖时，下层用沙衬垫，砖与砖之间不勾缝，留足透气通道。在北京很多采用石灰、沙子、锯末配制比例为1：1：0.5的材料为衬垫，在其他地方需要注意土壤pH值的变化，尽量不用石灰。许多风景区采用铺带孔或有空花条纹的水泥砖或铺铁筛盖的方法处理古树的土壤表面，也能收到良好效果。在人流少的地方，还可以种植苜蓿、白三叶等豆科植物或垂盆草、半枝莲等地被植物，不仅可以改善土壤肥力，还能提高景观效果。

3.4.3.3 喷施或灌施生物混合制剂

对于古树，还可以适当施用植物生长调节剂对其进行复壮。一般给根部及叶面施用一定浓度的植物生长调节剂，如将6-苄基腺嘌呤（6-BA）、激动素（KT）、玉米素（ZT）、赤霉素（GA3）及生长调节荆（2，4-D）等植物生长调节物质应用于古树复壮，具有延缓衰老的作用。据报道，对古圆柏、古侧柏实施以“5406”细胞分裂素、农抗120、农丰菌、生物固氮肥相混合的生物混合剂，对其进行叶面喷施和灌根处理，可明显促进古柏枝、叶与根系的生长，并增加了枝叶中叶绿素及磷的含量，也增强植物耐旱力。对古树施以植物生长调节剂和生物混合剂，应有理论依据并经实践验证，其浓度要求应根据具体情况确定。

3.4.3.4 化学药剂疏花疏果

植物在缺乏营养或生长衰退时，常出现多花多果的现象，这是植物生长发育的自我调节。不过，大量结果也会造成植物营养失调，对古树来说，这种现象一旦出现会造成更为严重的后果。若采用药剂疏花疏果，则可降低古树的生殖生长，扩大营养生长量，恢复树势而达到复壮的效果。

疏花疏果的关键是疏花，一般在秋末、冬季或早春喷药进行疏花。一般国槐开花期喷施50mg/L萘乙酸加3000mg/L的西维因或200mg/L赤霉素，可起到较好效果。对于侧柏和龙柏（或桧柏），若在秋末喷施，侧柏以400mg/L萘乙酸为好，龙柏以800mg/L萘乙酸为好，但从经济角度出发，可喷施200mg/L萘乙酸，因为它对抑制二者第二年产生雌雄球花的效果也很有效；若在春季喷施，一般以800～1000mg/L萘乙酸、800mg/L 2,4-D、400～

600mg/L 吲哚丁酸最佳。对于油松，若春季喷施，可采用 400～1000mg/L 萘乙酸。

3.4.3.5 靠接小树复壮濒危古树

一些古树因为根系老化，更新能力差，造成生长衰弱。通过嫁接方法增加古树的新根数量，也是进行古树复壮的途径之一。研究表明，靠接小树复壮遭受严重机械损伤的古树，具有激发生理活性、诱发新叶、帮助复壮等作用。小树靠接技术主要是应掌握好实施的时期、刀口切及形成层的位置，实施时期除严冬、酷暑外都可以，且最好受创伤后及时进行。实施时先将小树移栽到受伤大树旁并加强管理，促其成活。然后在靠接小树的同时，进行深耕、松土，以达到更好的效果。通常小树靠接治疗小面积树体创口，比桥接补伤效果更好、更稳妥，有助于早见成效。

3.4.4 古树名木的修整意义

古树名木具有极高的历史、人文与景观价值，不但是研究树木生理、古自然史的重要资料，而且是发展旅游及开展爱国主义教育的重要素材。城市绿地建设应以历史文化遗存连同传统集景文化形成的景观为骨架，充分反映地域的历史文脉和景观特色，而古树名木在其中起到重要作用。保护古树名木的意义在于它不仅是城市绿化、美化的一个重要的组成部分，也是一种独特的自然和历史景观，是一种不可再生的自然和文化遗产，是人类社会历史发展的佐证，具有重要的科学、历史、人文与景观的价值。有些树木还是地区风土民情、民间文化的载体和表象，见证了人类历史文化的发展和自然界历史变迁。在城市建设中，将其作为城市生态文化景观的主旋律，可以展现独具特色的城市风貌。同时，古树对研究古植物、古地理、古水文和古气候等也具有重要的应用和参考价值。

3.4.4.1 景观价值

古树名木和山水、建筑一样具有景观价值，是一种重要的风景旅游资源。古树名木在名山大川、旅游胜地自成绝妙佳景，成为名胜古迹不可或缺的组成部分。它们或苍劲挺拔、枝叶繁茂、风姿多彩，镶嵌在名山峻岭与古刹胜迹之中，与山川、古建筑、园林融为一体，或作为景观主体独成一景，古朴虬曲、姿态奇异，吸引中外游客前往游览观赏，或伴一山石、建筑，成为该景的重要组成部分，使人观赏山石、建筑之余感受自然风貌，流连忘返。如黄山的“迎客松”、泰山的“卧龙松”，北京天坛公园的“九龙柏”（图 3-35）、北海公园的“遮阴侯”以及戒台寺的“九龙松”、“自在松”等，均堪称世界奇观的珍品。

图 3-35 九龙柏

北京故宫御花园的“连理柏”，双干相对生长，上部相交缠，不仅姿态奇特，还化身忠贞爱情的象征，吸引了许多游人；陕西黄陵“轩辕庙”内的“黄帝手植柏”是目前我国最大的古柏之一，“挂甲柏”斑痕累累，纵横成行，展现了历史沧桑、古风古韵；黄山以“迎客松”为首的十大名松，更是自然风景中的珍品。

3.4.4.2 社会历史价值

古树名木一般不仅以其年代久远、景观独特见长，也因其蕴含的历史意义而受到更多关注。我国的古树名木资源极其丰富，不仅地域分布广阔，而且历史跨度大。许多古树历尽世事变迁和沧桑岁月的洗礼，跨朝历代，已成为社会历史不可分割的一部分。我国传说中的周柏、秦松、汉槐、隋梅、唐杏（银杏）、唐樟、宋柳都是树龄高达千年的树中寿星，成为我国悠久历史的见证。

图 3-36　台湾红桧

如北京戒台寺已 1300 多年的古白皮松，西藏寿命 2500 年以上的巨柏，台湾高寿 2700 年的“神木”红桧（图 3-36），以及山东莒县浮莱山 3000 年以上树龄的“银杏王”等至今风姿卓然，人们在瞻仰它们的风采时，也会想起它们所经历的那些朝代的历史以及古老的文明。

还有一些古树名木因为重要的历史事件而更为出名，如北京颐和园东宫门内的两排古柏，在靠近建筑物的一面保留着火烧的痕迹，真实记录了八国联军侵略中国纵火烧毁三山五园的罪行；景山崇祯皇帝上吊的古槐（现在的槐树并非原树），是明末清初那段浩荡历史的见证。这些古树具有的重要社会历史价值，也是开展爱国主义教育的重要素材。美国前国务卿基辛格博士在参观天坛时曾说：“天坛的建筑很美，我们可以学你们照样修一个，但这里美丽的古柏，我们就毫无办法得到了。”确实，建筑园林可以再现，而古树名木以及它们见证的历史却是独一无二，不可复制。因此，保护古树名木，也是为后世留下一部更为直观生动的史书。

3.4.4.3 文化艺术价值

我国各地现存的许多古树名木，多与历代帝王、名士、文人、学者紧密相连，有的为他们手植，有的受到他们的赞美，有的经善于丹青水墨的大师们的生花妙笔而成为永恒。这些与古树名木相关的脍炙人口的精彩诗篇文赋、流传百世的精美泼墨画作，都成为中华文化宝库中的艺术珍品。

图 3-37　文征明手植紫藤

如苏州拙政园内的明代文征明手植紫藤（图 3-37），其胸径 22cm，枝蔓盘曲蜿蜒逾 5m，虽经 500 年依然明艳照人，旁立光绪三十年江苏巡抚端方题写的“文衡山先生手植紫藤”青石碑；创建于北魏时期的嵩阳书院内的三株汉封“将军柏”（已毁于明末），有明、清文人赋诗 30 余首；“扬州八怪”中的李鳝，曾有名画《五大夫松》，艺术再现了泰山秦封五大夫松的风姿；江苏扬州深居驼岭巷古槐道院旧址的千年槐树，相传为唐代卢生“黄粱一梦”的梦枕之物，极富传奇色彩。

城市现代化建设过程中，对古城的拆迁改造使得众多古树的伴存生境发生的巨大变化，原有的历史典故和文化底蕴已难以一一寻觅对照。所以，对有着文化艺术价值的古树名木，应更加重视，在保护树体的同时，也要尽量保护其文化背景。如江苏扬州雄踞文昌中路中心绿岛的1200年树龄的古银杏就是古树保护的成功案例，在城市改建后，该古银杏树的树冠苍翠挺拔、傲首苍穹，成为扬州独特的城市景观，更有著名诗人艾煊评价“它是扬州城市的载体，它是扬州文化的灵魂，它是一座有生命的扬州城的城标”。

3.4.4.4 研究历史气候、地理环境的宝贵资料

古树是一部珍贵的自然史书，粗大的树干蕴藏着几百年甚至几千年的气象水文资料，可以显示古代的自然变迁。古树的这一作用是因为古树生长与所经历生命周期中的自然条件，特别是气候条件的变化有极其密切的关系。因为树木的年轮生长除取决于树种的遗传特性之外，还与当时的气候特点相关，表现为年轮的宽窄不等的变化，并记载下这种变化的过程。通过古树的年轮结构可以推断过去年代湿热等气候的变化情况，对古树年轮的研究最终发展成树木年轮气候学。如我国学者通过对祁连山圆柏从1059～1975年的917个年轮的研究，推断了近千年气候的变迁情况。此外，因为古树生长与地理环境关系密切，所以，可以从古树几百年甚至几千年树体生长的情况研究古地理的变化。在干旱和半干旱的少雨地区，古树年轮对研究古气候、古地理的变化更具有重要的价值。

3.4.4.5 研究树木生理的特殊材料

树木的生长周期很长，一般情况下，人们无法对它的生长、发育、衰老、死亡的规律用跟踪的方法加以研究。而古树的存在就把树木的生长、发育在时间上的顺序展现为空间上的排列，即将同一树木不同时间的生长发育情况通过同一树种不同年龄阶段的树木展现出来。将处于不同年龄阶段的树木作为研究对象，可以从中发现该树种从生到死的规律性变化，从而认识各种树木的寿命、生长发育状况以及抵抗外界不良环境的能力等。对于寿命极长的树木，只有古树才能展现其生长末期的状况，起到关键的作用。

3.4.4.6 研究当地污染史中的记录资料

树木不同阶段的生长与当地当时环境污染也有极其密切的关系。树木通过根、茎、叶等的吸收，在树体结构与组织内利用贮存的方式反映出环境污染的程度、性质等。对于古树来说，其树体结构记录了其生命期内当地的污染情况，可作为时代变迁的参照物。

3.4.4.7 树种规划中的参考意义

古树对于地区树种规划有极高的参考价值。“因地制宜，适树适栽”是制定城市绿地树种规划的首要原则。而古树一般为乡土树种，对当地的气候和土壤条件具有很强的适应性。因此，制定当地树种规划时，可以将古树作为指导造林绿化的可靠依据。景观规划师和园林设计师也应在树种选择中重视古树适应性的指导作用，从而在树种规划时做出科学合理的选择。古树名木资源则是编制历史文化名城树种规划的重要依据。一般将饱经沧桑、历时越代的古树树种推举为绿地系统规划的基调或骨干树种，而不足百年的名木树种也可作为丰富绿地树种多样性的首要选择。如通过北京故宫、中山公园等为数最多的古侧柏和古桧柏的良好生长可以得到这两个树种是能够在北京地区干旱立地条件下生长的适宜树种的信息，在北京进行树木栽植时就可以在树种选择上少走许多弯路，不致因盲目决定造成无法弥补的损失。

充分评价和利用古树名木的种质资源，可将绿地树种的生态环境调节效应和文化景观欣赏功能集于一体，形成以特色鲜明的地带性树种为主体的、布局合理、模式多样的城市绿地景观。同时，对展示历史名城的文化渊源和底蕴、凸现人居环境的生态魅力和氛围，也具有特殊的人文价值和科学的建植启示。

3.4.4.8 资源价值

从某种意义上说，古树是优良种源基因的宝库。高龄的古树是历经千百年的洗礼而顽强地生存下来的，往往孕育着该物种中某些最优秀的基因，如长寿基因、抗性基因以及其他有价值的基因等，这些是植物遗传改良的宝贵种质材料。在育种上用这些古树可繁殖无性系，从而发挥其寿命长、抗逆性强、形态古朴的特点；也可用其花粉与其他树种杂交，培育抗逆性强的新杂交类型。事实上，多数古树在保存优良种质资源方面具有重要的意义。例如，我国各地从古银杏树中筛选培育出了许多银杏的优良品种，包括核用、药用、材用及观赏等各种用途的品种，并广泛用于生产。

除种质资源的价值以外，有些古树自身便有巨大的产果能力，有重要的经济价值。这些古树虽已高龄，却毫无老态，仍可果实累累，生产潜力巨大。例如素有“银杏之乡”之称的河南嵩县白河乡，树龄在300年以上的古银杏树有210株，在1986年产白果27万千克。

此外，许多古树是重要的旅游资源，可以促进当地旅游业发展，创造经济效益。

第4章 园林景观植物造型与配置必备资料

4.1 常用造景树

常用的造景树见表4-1。

表4-1 常用的造景树一览表

名称	科别	树形	特征
南洋杉	南洋杉科	圆锥形	常绿针叶树，阳性，喜暖热气候，不耐寒，喜肥，生长快，树冠狭圆锥形，姿态优美
油松	松科	伞形或风致形	常绿乔木，强阳性，耐旱，能耐干旱瘠薄土壤，不耐盐碱，深根，有菌根菌共生，寿命长，易受松毛虫危害，树形优雅，挺拔苍劲
雪松	松科	圆锥形	常绿大乔木，树姿雄伟
罗汉松	罗汉松科	圆锥形	常绿乔木，风姿朴雅，可修剪为高级盆景素材，或整形为圆形、锥形、层状，以供庭园造景美化用
侧柏	柏科	圆锥形	常绿乔木，幼时树形整齐，老大时多弯曲，生长强，寿命久，树姿美
桧柏	柏科	圆锥形	常绿中乔木，树枝密生，深绿色，生长强健，宜于剪定，树姿美丽
龙柏	柏科	塔形	常绿中乔木，树枝密生，深绿色，生长强健，寿命很久，树姿很美
马尾松	松科	塔形	常绿乔木，干皮红褐色，冬芽褐色，大树姿态雄伟
金钱松	松科	塔形	常绿乔木，枝叶扶疏，叶条形，长枝上互生，小叶放射状，树姿刚劲挺拔
白皮松	松科	宽塔形或伞形	喜光、喜凉爽气候，不耐湿热，耐干旱，不耐积水和盐土，树姿优美，树干斑驳、苍劲奇特
黑松	松科	圆锥形	常绿乔木，树皮灰褐色，小枝橘黄色，叶硬2枚丛生，寿命长
五针松	松科	圆锥形	常绿乔木，干枝苍劲，叶翠茏葱，最宜和假山石配置成景，或配以牡丹、杜鹃、梅或红枫
水杉	杉科	塔形	落叶乔木，植株巨大，枝叶繁盛，小枝下垂，叶条状，色多变，适应于几种成片造林或丛植
苏铁	苏铁科	伞形	性强健，树姿优美，四季常青，低维护，用于盆栽、花坛栽植，可作主木或添景树
南洋杉	南洋杉科	圆锥形	常绿针叶乔木，枝轮生，下部下垂，夜深绿色，树姿美观，生长强健

续表

名称	科别	树形	特征
银杏	银杏科	伞形	秋叶黄色，适合作庭荫树、行道树
垂柳	杨柳科	伞形	落叶亚乔木，适合低温地，生长茂盛且迅速，树姿美观
龙爪柳	杨柳科	龙枝形	落叶乔木，枝条扭曲如游龙，适合作庭荫树、观赏树
槐树	豆科	伞形	枝叶茂密，树冠宽广，适合作庭荫树
龙爪槐	豆科	伞形	枝下垂，适合作庭园观赏，对植或列植
黄槐	豆科	圆形	落叶乔木，偶数羽状复叶，花黄色，生长迅速，树姿美丽
榔榆	榆科	伞形	落叶阔叶树，喜温暖湿润气候，耐干旱瘠薄，深根性，速生，寿命长，抗烟尘毒气，滞尘能力强
梓树	紫葳科	伞形	适合生长在温带地区，抗污染，花黄白色，5～6月开花，适合作庭荫树
广玉兰	木兰科	卵形	常绿乔木，华花大白色清香，树姿美观
白玉兰	木兰科	伞形	能耐寒，不能积水，花大洁白，3～4月开花
枫杨	胡桃科	伞形	适应性强，耐水湿，速生，适合作庭荫树、行道树
鹅掌楸	木兰科	伞形	落叶阔叶树，喜温暖湿润气候及肥沃的酸性土，抗力强，生长迅速，寿命长，叶形像马褂，花黄绿色，大且美丽
凤凰木	苏木科	伞形	阳性，喜暖热气候，不耐寒，速生，抗污染，抗风；花红色，美丽，花期在5～8月间
相思树	豆科	伞形	常绿乔木，幼时树形整齐，老大时多弯曲，生长强，寿命久，树姿美
乌桕	大戟科	锥形或圆形	树性强壮，落叶前红叶类似枫树
悬铃木	悬铃木科	卵形	喜温暖，抗污染，耐修剪，冠大浓密，适合作行道树以及庭荫树
香樟	香樟科	球形	常绿大乔木，叶互生，散三出脉，具香气，浆果球形
樟树	樟科	圆形	常绿乔木，树皮有纵裂，叶互生革质，生长快，寿命长，树姿美观
榕树	桑科	圆形	常绿乔木，干枝有气根，叶平滑，生长极为迅速
珊瑚树	忍冬科	卵形	常绿灌木或小乔木，6月开白花，9～10月结红果。可以作绿篱和庭院观看使用
石榴	石榴科	伞形	落叶灌木或小乔木，耐寒，适应能力强，5～6月开花，花红色，果红色，适合在庭院观赏
石楠	蔷薇科	卵形	常绿灌木或小乔木，喜温暖，耐干旱瘠薄，嫩叶红色，秋冬红果，适于丛植和庭院观赏
构树	寿麻科	伞形	常绿乔木，叶巨大且薄，枝条呈四散状
复叶槭	槭树科	伞形	落叶阔叶树，喜肥沃土壤及凉爽湿润气候，耐烟尘，耐干冷，耐轻度盐碱，耐修剪，秋天叶为黄色
鸡爪槭	槭树科	伞形	叶形秀丽，秋叶红色，适合用于庭园观赏和盆栽
合欢	含羞草科	伞形	落叶乔木，花粉红色，6～7月，适合作庭荫树、观赏树
红叶李	蔷薇科	伞形	落叶小乔木，小枝光滑，红褐色，全紫红色，4月开淡粉色小花，果紫色，孤植群植皆可
桴树	木犀科	圆形	常绿乔木，树体健壮，生长迅速，树姿优美
楝树	楝科	圆形	落叶乔木，树皮灰褐色，二回奇数，羽状复叶，花紫色
重阳树	大戟科	圆形	常绿乔木，幼叶发芽时美观，长势强劲，树姿美
大王椰子	棕榈科	伞形	单干直立，羽状复叶，观赏价值大，生命力甚强
华盛顿棕榈	棕榈科	伞形	单干圆柱状，基部肥大，叶呈扇状圆形，树姿优美
海枣	棕榈科	伞形	干枝分离，叶呈现灰白色且弓形弯曲，生长强健

续表

名称	科别	树形	特征
酒瓶椰子	棕榈科	伞形	枝干高 3m 上下，基部椭圆肥大，形成酒瓶
蒲葵	棕榈科	伞形	枝干直立，叶圆形，叶柄边缘有刺，生长繁茂，姿态也美
棕榈	棕榈科	伞形	枝干直立，叶圆形，叶柄边缘有刺，生长繁茂，姿态也美
棕竹	棕榈科	伞形	干细长，最高可到 5m，丛生，生长力旺盛，树姿美

4.2 常用行道树

常用的行道树见表 4-2。

表 4-2 常用行道树一览表

名称	科别	树形	特征
南洋杉	南洋杉科	圆锥形	常绿针叶树，阳性，喜暖热气候，不耐寒，喜肥，生长快，树冠狭圆锥形，姿态优美
青海云杉	松科	塔形	常绿针叶树，中性，浅根性，适合在西北地区栽植
圆柏	柏科	圆锥形	常绿针叶树，阳性，幼时能耐阴，耐干旱瘠薄，耐寒，耐湿，耐修剪，防尘隔声效果佳
银杏	银杏科	伞形	秋叶黄色，适合作庭荫树、行道树
垂柳	杨柳科	伞形	落叶亚乔木，适合低温地，生长茂盛且迅速，树姿美观
毛白杨	杨柳科	伞形	落叶阔叶树，喜温凉气候，抗污染、深根性、速生，寿命较长，树形端正，树干直立，树皮灰白色
钻天杨	杨柳科	狭圆柱形	落叶阔叶树，耐寒耐干旱，能耐盐碱、水湿，生长快
新疆杨	杨柳科	圆柱形	喜光，耐干旱，耐盐渍，适应大陆性气候，外观优美
国槐	豆科	圆形	落叶乔木，喜光，能耐阴，耐干旱，不耐寒，深根性，寿命长，对多种有害气体有较强的抗性，抗烟尘，寿命长，生长速度中等，耐修剪，树姿美观
柿	柿树科	半圆形	落叶乔木，喜光，能耐阴，耐干旱，不耐寒，深根性，寿命长，对氟化氢有较强抗性，病虫少，易管理，树形优美，秋叶变红，果实成熟后色泽鲜艳，极为美观
美国白蜡	木犀科	卵圆形	外形美观，树势雄伟，喜光，耐寒，喜肥沃湿润，也可以承受干旱瘠薄，还能耐水湿，喜钙质土壤或沙壤土，能耐轻度盐碱，抗烟尘，深根性
榔榆	榆科	伞形	落叶阔叶树，喜温暖湿润气候，耐干旱瘠薄，深根性，速生，寿命长，抗烟尘毒气，滞尘能力强
赤杨	壳斗科	伞形	常绿乔木，能耐湿热，干燥地还有硬质土不宜生长，树姿美观、高大
榕树	桑科	圆形	常绿乔木，干枝有气根，叶平滑，生长极为迅速
黄心夜合	木兰科	塔形	常绿乔木，喜温暖阴湿环境，较耐寒，树姿美观，花大而芳香，适合作庭荫树、行道树等，也可盆栽
喜树	蓝果树科	伞形	落叶乔木，喜光，能耐阴，不耐寒，不耐干旱瘠薄，抗病虫能力强，耐烟性能强，主干直立，树冠宽展
鹅掌楸	木兰科	伞形	落叶阔叶树，喜温暖湿润气候及肥沃的酸性土，抗力强，生长迅速，寿命长，叶形像马褂，花黄绿色，大且美丽
桂树	木犀科	圆形	常绿乔木，树体健壮，生长迅速，树姿优美
广玉兰	木兰科	卵形	常绿乔木，花大白色清香，树姿美观
相思树	豆科	伞形	常绿乔木，幼时树形整齐，老大时多弯曲，生长强，寿命久，树姿美
悬铃木	悬铃木科	卵形	喜温暖，抗污染，耐修剪，冠大浓密，适合作行道树以及庭荫树
香樟	香樟科	球形	常绿大乔木，叶互生，散三出脉，具香气，浆果球形

续表

名称	科别	树形	特征
樟树	樟科	圆形	常绿乔木,树皮有纵裂,叶互生革质,生长快,寿命长,树姿美观
复叶槭	槭树科	伞形	落叶阔叶树,喜肥沃土壤及凉爽湿润气候,耐烟尘,耐干冷,耐轻度盐碱,耐修剪,秋天叶为黄色
合欢	含羞草科	伞形	落叶乔木,花粉红色,6~7月,适合作庭荫树、观赏树
梧桐	梧桐科	伞形	落叶乔木,叶大,生长迅速,幼时直立,老树冠分散,阳性,喜温暖湿润,抗污染,怕涝,适合作庭荫树
蒲葵	棕榈科	伞形	枝干直立,叶圆形,叶柄边缘有刺,生长繁茂,姿态也美
海枣	棕榈科	伞形	干枝分离,叶呈现灰白色且弓形弯曲,生长强健
长叶刺葵	棕榈科	羽状	常绿阔叶树,树干粗壮,高大雄伟,羽叶密而伸展
大王椰子	棕榈科	伞形	单干直立,羽状复叶,观赏价值大,生命力甚强

4.3 景观植物的选择

根据绿地类型,可选择不同的景观植物栽植,见表 4-3。

表 4-3 景观植物选择参考表

绿地类型		植物主要特征							植物主要功能												文化内涵	备注
		美观	分枝点高	耐修剪	生长快	寿命长	耐瘠薄	耐干旱	抗病虫害	杀菌	抗污染	吸收污染	吸滞尘埃	隔声	防风	通风	遮阴	防火	环境监测	科普		
居住区	宅间绿地	★	△	△	△	▲	△	△	▲	▲	○	○	▲	△	▲	▲	△	△	○	○	▲	不能影响住宅的通风和采光
	游园	▲	△	△	△	▲	△	△	▲	▲	△	△	▲	△	△	△	△	△	△	○	▲	
	休闲广场	★	▲	△	△	▲	△	△	▲	▲	○	○	▲	▲	▲	▲	▲	△	▲		▲	
	儿童游乐场	▲	△	△	△	△	△	△	▲	▲	△	△	▲	▲	▲	▲	△	△	▲	▲	▲	不能有毒、有刺
	健身场地	▲	★	○	○	▲	△	△	▲	★	△	△	▲	▲	▲	▲	▲	○	▲	○	▲	具有保健功能
城市道路	行道树	▲	△	△	△	▲	★	△	▲	▲	★	▲	★	▲	○	○	★	△	▲	○	▲	安全视线内不能栽植高大乔木
	隔离带	▲	×		△	▲	★	★	▲	▲	★	▲	▲	▲	○	○	○	○	▲	○	○	低矮的植物需要防眩目
	交通岛	▲	△	○	△	▲	▲	▲	▲	▲	▲	△	▲	▲	△		○	○	○	○	▲	不能影响通视
	林荫道	★	▲	△	△	▲	▲	▲	▲	▲	▲	△	▲	▲	△	▲	▲	△	○	○	▲	
铁路	隔离林带	▲	▲	△	△	▲	▲	▲	★	▲	▲	△	▲	★	△	○	△	△	△	○	○	
	边坡	▲	×	△	△	▲	★	★	▲	▲	▲	△	▲	▲	○	○	○	△	○	○	○	不能栽植乔木
高速公路	隔离林带	▲		△	△	▲	★	★	★	▲	▲	△	▲	△	▲	○	○	○	○	○	○	
	边坡	▲	×	△	△	▲	▲	△	▲	▲	▲	△	▲	▲	○	○	○	○	○	○	○	
	分车带	△	×	△	△	△	▲	△	▲	▲	▲	△	▲	▲	○	○	○	△	○	○	○	低矮的植物需要防眩目
	匝道	★	△	○	△	▲	▲	▲	▲	△	▲	△	▲	○	○	○	○	○	○	○	△	
	服务区	▲	△	○	△	△	▲	▲	▲	▲	▲	△	▲	△	△	△	△	△	○	○	△	

绿地类型		植物主要特征								植物主要功能											文化内涵	备注
		美观	分枝点高	耐修剪	生长快	寿命长	耐瘠薄	耐干旱	抗病虫害	杀菌	抗污染	吸收污染	吸滞尘埃	隔声	防风	通风	遮阴	防火	环境监测	科普		
校园	大学	▲	△	△	△	△	△	△	▲	▲	△	△	△	△	△	△	△	○	○	▲	★	
	中学	▲	△	△	△	△	△	△	▲	▲	△	△	△	△	△	△	△	○	○	▲	★	
	小学	▲	△	△	△	△	△	△	▲	▲	△	△	△	△	△	△	△	○	○	▲	★	
	幼儿园	▲	△	△	△	△	△	△	▲	▲	△	△	▲	▲	▲	▲	△	△	▲	▲	▲	不能有毒、有刺
工矿企业	重污染	▲	△	△	△	▲	▲	▲	▲	▲	★	★	★	▲	△	△	△	▲	▲	○	○	
	轻污染	▲	△	△	△	▲	▲	▲	▲	▲	★	★	★	▲	△	△	△	▲	▲	○	○	
	高精度	▲	△	△	△	▲	▲	▲	▲	▲	▲	△	★	★	▲	△	△	▲	▲	○	○	不飞絮,不落果
	仓储	▲	△	△	△	▲	▲	▲	▲	▲	▲	▲	▲	△	▲	△	△	★	▲	○	○	
公园	综合公园	★	△	△	△	△	△	△	▲	★	△	△	△	△	△	△	△	△	▲	△	▲	
	儿童公园	★	△	△	△	△	△	△	▲	★	△	△	△	▲	△	△	△	○	○	★	▲	不能有毒、有刺
	青年公园	★	△	△	△	△	△	△	▲	★	△	△	△	△	△	△	△	○	○	▲	★	
	老年公园	★	△	△	△	▲	△	△	▲	★	△	△	▲	▲	▲	▲	▲	○	○	▲	★	
	纪念公园	★	△	△	△	▲	△	△	▲	★	△	△	△	▲	△	△	△	○	○	○	★	
	运动公园	★	△	△	△	△	△	△	▲	★	△	△	▲	▲	▲	▲	△	○	○	○	▲	结合具体的运动项目
	避灾公园	★	△	△	△	△	△	△	▲	★	▲	▲	▲	▲	▲	▲	▲	★	▲	○	▲	考虑避灾的需求
防护林	防风林	▲	×	△	▲	▲	▲	▲	▲	▲	△	△	▲	○	★	×	○	○	○	○	○	深根性植物
	固沙林	△	×	△	▲	▲	★	★	▲	△	△	△	▲	○	▲	×	○	○	○	○	○	抗风树种
	防噪林	▲	△	△	▲	△	△	△	▲	△	△	△	△	★	○	○	○	○	○	○	○	
	水土涵养林	▲	△	○	▲	○	○	○	▲	▲	▲	★	▲	○	○	○	○	○	○	○	○	
	卫生隔离林	▲	△	○	▲	○	○	○	▲	★	▲	★	▲	▲	○	○	○	○	▲	○	○	
	交通防护林	▲	△	△	▲	○	▲	▲	▲	▲	▲	▲	▲	▲	▲	△	△	△	▲	○	○	
	防火隔离林	▲	○	○	○	○	○	○	▲	▲	△	○	○	○	▲ ▲	○	○	○	○	○	○	
医院		▲	△	○	▲	○	○	○	▲	★	▲	★	▲	▲	△	▲	△	○	▲	○	○	
疗养院		▲	○	○	▲	○	○	○	▲	★	▲	★	▲	▲	△	▲	△	△	▲	○	▲	

注：★为关键必须按条件；▲为必选条件；△为可选条件；○为非必要条件；×不可选条件（由于项目类型繁多，情况各异，所以本表仅作为植物选择的参考，在设计时，要根据实际情况进行具体的分析）。

4.4 常用草坪和地被植物种类

常用的草坪和地被植物种类见表4-4。

表 4-4 常用的草坪和地被植物种类一览表

名称	科别	特征	适用地区
结缕草	禾本科	阴性，耐干旱，耐踩，低矮，不需修剪，用于观赏	全国
天鹅绒草	禾本科	阳性，无性繁殖，不耐寒，耐踩，低矮，不需修剪，用于观赏和网球场	长江流域，华南地区
狗牙根	禾本科	阳性，耐踩，耐旱，耐瘠薄，耐盐碱，用于体育场、游戏场	全国
假俭草	禾本科	阴性，耐潮湿，用于水边、林下	长江以南
野牛草	禾本科	半阴性，耐旱，耐踩，用于游戏场、林下	北方各地
羊狐茅	禾本科	耐干旱，沙土，瘠薄土壤，用于观赏	西北
红狐茅	禾本科	耐阴耐寒，需修剪，耐旱，用于观赏	西南各地、东北
翦股颖	禾本科	耐阴，耐潮湿，抗病虫，耐瘠薄，喜酸性土壤，用于观赏	山西
红顶草	禾本科	耐寒，喜湿润，不耐阴，适用于水池边	华中、西南、长江流域
早熟禾	禾本科	耐踩，耐阴，适用于林下	全国
羊胡子草	莎草科	耐踩，耐阴，适用于林下	北方
二月兰	十字花科	1～2 年生草本植物，高 30～60cm，花叶兼优	东北、华北
白三叶	豆科	多年生草本，茎匍匐 30～60cm，花叶兼优	北方
银叶蒿	菊科	多年生半灌木状草本植物，高 15cm，叶银灰色花黄色，耐寒耐旱	全国
土麦冬	百合科	常绿多年生草本，高 15～20cm，耐寒耐阴	北方
百里香	唇形科	多年生半棺木状草本香科植物，高 5～20cm，匍匐茎，有芳香，耐寒、耐旱，喜凉爽	全国
玉簪	百合科	多年生宿根草本植物，高 40cm，花大叶美，喜阴	全国
扶芳藤	卫矛科	介于灌木和蔓生植物之间	长江流域及以南
铺地柏	柏科	常绿木本植物，植株低矮，小枝密集，叶色浓绿，喜光耐旱	东北、华中、华东、华南等地
铁线蕨	铁线蕨科	常绿草本，株高 15～40cm，根茎横走，叶薄革质，叶柄栗黑色似铁线，叶鲜绿色，喜湿润，忌阳光直射	长江以南、陕、冀等地
铁角蕨	铁角蕨科	常绿草本，根茎直立，簇生，叶长 15～30cm，稍革质，表面浓绿色，喜温暖阴湿环境，长生于林下山谷以及石岩上，可以栽培观赏	长江以南，北到河南、山西、陕西和新疆
全缘贯众	鳞毛蕨科	常绿草本，根茎短且直立，植株高 35～70cm	江苏、浙江、福建、广东、台湾等省
金粉蕨	中国蕨科	多年生草本，高达 30cm，根茎横走，喜阴耐湿，喜欢松软肥沃的土壤，叶形十分优美	全国
箬竹	禾本科	高 1～2m，丛状栽植做植被	华东、华中等地
地被石竹	石竹科	多年生草本花卉，株高 8～10cm，花色有白、粉、深粉、复色等，冷型地被石竹是该系列中最矮小、最抗寒、耐干旱、花量最大、寿命最长的品种	华北、江浙一带有野生
马蔺	鸢尾科	多年生草本，耐寒，耐旱，耐水湿，耐盐碱，寿命长的品种	华北
紫花地丁	堇菜科	多年生草本，叶肥大，绿色期长，抗性极强，抗烟尘、抗污染、抗有毒有害气体	全国
波斯菊	菊科	一年生草本，植株高度在 30～200cm 之间，花色有白、淡红、深红等，不耐寒，不耐积水，耐土地瘠薄	全国
鸢尾属	鸢尾科	多年生宿根草木，花期在春、夏季，花色为白、蓝紫、棕红、黄等，种类较多	全国
紫菀属	菊科	多年生草本植物高不超过 30cm，矮生草甸状，秋季开花，花有紫、蓝、红、白	北方
小檗属	小檗科	落叶灌木，有朝鲜紫叶小檗、日本紫叶小檗，耐寒耐旱喜光	我国许多大城市具有栽培

4.5 常用花卉种类

常用的花卉种类见表 4-5。

表 4-5 常用的花卉种类

名称	科名	株高/cm	花期（月或季）	花色	应用	适用地区
长春花	夹竹桃科	30～60	春至秋	紫红、红、白	花坛、盆栽	全国各地
一串红	唇形科	30～80	7～10	鲜红、白、粉、紫	花坛、盆栽、自然栽培	全国各地
鸡冠花	苋科	30～90	6～10	白、红、橙黄	花坛、花境	全国各地
千日红	苋科	20～60	7～9	深红、紫红、淡红、白	花坛、切花、花境	全国各地
凤仙花	凤仙花科	40～80	6～9	白、黄、粉、紫、深红或有斑点	花坛、盆栽、切花、花境	全国各地
翠菊	菊科	25～80	5～10	白、粉、蓝、红、紫	花坛、盆栽、切花、花境	全国各地
百日草	菊科	30～90	6～10	红、紫、白、蓝	花坛、盆栽、切花、花境	全国各地
蛇目菊	菊科	50～100	6～10	花黄色，基部或下部褐色，管状花紫褐色	花坛、切花、花境	华北、华中、华南、华东等地区
雏菊	菊科	7～15	3～6	白、淡红、紫	花坛、盆栽、切花、花境	华北、华中、西北等地
波斯菊	菊科	100～150	6～10	白、粉、深红	花坛、盆栽、切花、花境、湖边、坡地、林缘、林边	华北、西北、华中等地
万寿菊	菊科	60～90	6～10	乳白、黄、橙至橘红	花坛、切花、花境	全国各地
孔雀草	菊科	20～40	6～10	黄色，常有斑点	花坛、切花、花境	全国各地
金盏菊	菊科	30～60	5～7	黄、淡黄、橘红、橘色	春季花坛、切花、花境	长江及黄河流域
矢车菊	菊科	20～60	5～8	蓝、紫、粉、红、白	自然丛植、花坛、花境	华北、华中、西北、华东等地
滨菊	菊科	30～60	春至秋	白	花坛、花境	长江及黄河流域
矮牵牛	茄科	30～40	6～8	白、粉、红、紫、堇	花坛、花丛、花境、自然栽植	华北、华中、华东等地
福禄考	花荵科	15～30	5～9	白、红、蓝、紫、深红、紫红	花坛、岩石园、切花、花境	华北、华中
圆叶牵牛	旋花科	300	6～9	蓝紫、白、红、紫、青	花架、墙壁、竹篱	华北、华中、华东、西南、西北等地
圆叶茑萝	旋花科	300	7～9	大红	篱栅、盆栽、棚架	华北、华中、西北等地
羽叶茑萝	旋花科	300～600	6～9	洋红、白	篱栅、盆栽、棚架	华北、华中等地
雁来红	苋科	100	初秋	鲜红、深黄、橙色	秋季花坛	全国各地
三色堇	堇菜科	15～25	4～6	白、黄、蓝、红褐、橙、紫等单色或复色	花坛、花丛、切花、花境	全国各地
紫罗兰	十字花科	20～60	4～5	紫、黄	花坛、盆栽、切花	全国各地
桂竹香	十字花科	25～70	4～6	橙黄、褐黄混杂	花坛、切花、花境	全国各地
七里黄	十字花科	25～50	4～5	橙黄	花坛、花境	全国各地
羽衣甘蓝	十字花科	30～40	12～2	蓝、紫、红、黄、粉红、蓝紫等	花坛	全国各地
金鱼草	玄参科	20～90	3～6	除蓝色外的所有颜色	春季花坛	华北、华中、西北

续表

名称	科名	株高/cm	花期（月或季）	花色	应用	适用地区
飞燕草	毛茛科	50～120	4～6	堇蓝、紫红、粉白	花坛、花境	华北、华中、西北
石竹类	石竹科	20～60	5～9	白、红、粉、粉红、紫红等	花坛、花境、岩石园	华北、江浙一带有野生
高雪轮	石竹科	60	4～5	粉红、玫瑰红、白	花坛	全国各地
矮雪轮	石竹科	20～25	4～5	粉红、玫瑰红、白	花坛	全国各地
美女樱	马鞭草科	2～50	4～11	除黄色、橙色外均有	花坛、花境	全国各地
半枝莲	马齿苋科	15～20	6～9	白、粉、红、橙、黄、斑纹	花坛、花境、草坪边缘	全国各地
芍药	毛茛科	100	4～5	白、黄、粉红、紫红等	花坛、花丛、切花、花境	全国各地
耧斗菜类	毛茛科	45～100	春至秋	蓝、紫、白、淡紫等	花坛、花境、大片栽植、岩石园	东北、华北、西北等地
玉簪	百合科	30～50	7～9	白	林下、建筑物背面、庭园、盆栽	全国各地
紫萼	百合科	20～40	6～9	紫色至淡紫色	小径旁、草地边缘、建筑物背光处	全国各地
麦冬类	百合科	30	8～9	四季常绿，花淡紫色至白色	地被、花坛、点缀山石或石阶、盆栽	中部、南部、华北、西北部分地区
沿阶草	百合科	20～40	8～9	四季常绿，花白色至淡紫色	花坛镶边、盆栽、林下、小径旁、山石墙基、阶梯散植	华北南部及以南地区
万年青	百合科	20～40	夏	四季常绿，花淡黄色或乳白色	盆栽、丛林下栽培	长江及以南至华北南部
萱草类	百合科	120	6～8	橘黄、橘红、黄	丛植、花境、成片栽植	全国各地
兰花类	兰科	20～40	因品种而异	白、粉、黄、绿、黄绿、深红、复色	盆栽，温暖地区可引入林下做地被	黄河以南至台湾
蜀葵	锦葵科	300	5～10	大红、深紫、浅紫、粉红、墨紫、黄、白	房前屋后均可用，最适合做花境背景，在墙前列植	全国各地
荷包牡丹	罂粟科	50～100	4～5	白、粉红、红	花坛、切花、花境	东北、华北、西北、西南等地
鸢尾类	鸢尾科	30～70	6～7	白、蓝紫、棕红、黄	丛植、花坛、切花、花境	全国各地
金光菊	菊科	300	7～8	黄	大片丛植、切花、花境	全国各地
菊花	菊科	80～250	全年	白、粉红、玫瑰红、紫红、墨红、淡黄、黄、淡绿	花坛、盆栽、切花、花境，自然式丛植、地被、切花	全国各地
荷兰菊	菊科	50～150	7～10	蓝、紫、白、红	花坛、盆栽	全国各地
唐菖蒲	鸢尾科	60～100	6～10	白、黄、粉、红、青、橙、紫、复色、斑点、条纹	花坛、切花	全国各地
大丽花	菊科	40～200	6～10	除蓝色外所有颜色	花坛、盆栽、切花	全国各地
水仙类	石蒜科	35～45	12～3	黄、白	花坛、盆栽、切花、花境	华南、华中、华北、西南、华东
郁金香	百合科	20～40	3～5	鲜红、黄、白、褐	花坛、盆栽、切花、花境	全国各地
美人蕉类	美人蕉科	60～200	5～10	白、淡黄、橙黄、橙红、红、紫红	花带、花境、花坛、盆栽，可在轻度污染区种植	全国各地
百合类	百合科	30～200	5～8	白、红，有斑点、条纹及镶边	庭园、盆栽、切花	全国各地
葱兰	石蒜科	5～20	夏秋	白	花坛边缘材料、阴地地被植物，盆栽、瓶插水养	全国各地

续表

名称	科名	株高/cm	花期（月或季）	花色	应用	适用地区
菜叶芋	天南星科	40～70	5～8	花序黄至橙黄色，叶具白、绿、粉、橙红、银白、红等斑点及斑块	以观叶为主的盆栽花卉	广东、福建、云南南部栽培广泛
晚香玉	龙舌兰科	50～100	8～10	白、乳白、淡堇紫色	花坛、盆栽、切花	全国各地
风信子	百合科	30～50	4～6	红、白、粉红、蓝、紫、黄	毛毡花坛、盆栽、切花	华中、华东、华北部分地区、华南等

4.6 中国古典园林常用植物的特性、寓意及其作用

中国古典园林常用植物的特性、寓意及其作用见表4-6。

表4-6 中国古典园林常用植物的特性、寓意及其作用

名称	特性	寓意	应用传统
松	常绿乔木，树皮多为鳞片状，叶子针形，松耐寒、耐旱、耐瘠薄，冬夏常青	象征延年益寿、健康长寿，民俗祝寿词常有“福如东海长流水，寿比南山不老松”；松被视为吉祥物，松被视为百木之长，称为木公、大夫	岁寒三友：松、竹、梅；松柏同春；松菊延年；仙壶吉庆：松枝、水仙、梅花、灵芝等在瓶中；可用于制作盆景
柏	柏科柏木属植物的通称，常绿植物	在民俗观念中，柏的谐音是百，是极数，象征多而全；民间习俗也用柏木避邪	皇家园林、坛庙以及寺院、名胜古迹广泛栽植
桂	常绿阔叶乔木，树皮粗糙，灰褐色或灰白色，香气袭人	有木犀、仙友、仙树、花中月老、岩桂、九里香、金粟、仙客、西香、秋香等别称；汉晋后，桂花与月亮联系在一起，称为月桂，月亮也称桂宫、桂魄；习俗将桂视为祥瑞之物；因桂谐音贵，有荣华富贵之意	私家园林中经常使用，与建筑空间结合；书院、寺庙中多栽植
椿	特指香椿，楝科落叶乔木，叶有特殊气味，花芳香，嫩芽可食	被视为长寿之木，属吉祥，人们常以椿年、椿龄、椿寿祝长寿；因椿树长寿，椿比喻父亲，萱比喻母亲，世称父为椿庭，椿萱比喻父母	广泛栽植于庭院中
槐	落叶乔木，具暗绿色的复叶，圆锥花序，花黄白色，有香味	吉祥树种；被认为是灵星之精，有公断诉讼职能；中国周代朝廷种三槐九棘，公卿大夫分坐其下，以槐棘指三公或三公之位	作为庭荫树、行道树
梧桐	梧桐科梧桐属落叶大乔木，树皮绿色，平滑，叶心形掌状，花小，黄绿色	吉祥、灵性；能知岁时；能引来凤凰	祥瑞的梧桐常在图案中与喜鹊组合，谐音同喜，也是寓意吉祥；梧桐适合制琴。梧桐常栽植于庭院中
竹	竹属禾本植物，常绿多年生，茎多节，中空，质地坚硬，种类多	贤人君子，在中国竹文化中，把竹比作君子，竹谐音祝，有美好祝福的习俗意蕴；丝竹指乐器	岁寒三友：松、竹、梅；五清图：松、竹、梅、月、水；五瑞图：松、竹、萱、兰、寿石
合欢	落叶乔木，羽状叶，花序头状，淡红色	象征夫妻恩爱和谐，婚姻美满，故称合婚树；合欢被文人视为释仇解忧之树	多栽植于住宅庭院
枣	李科落叶乔木，花小，黄绿色，核果长圆形，可食用，可补中益气	枣谐音早，民俗有枣与栗子合组图案，谐音早立子	多栽植于住宅旁庭院内，作为绿化用树，也可以作为果树栽植
栗	落叶乔木，栗子可食用，可入药，阳性	古时用栗木做故人的灵牌，称宗庙神主为栗主；用以表示妇人之诚挚	绿化用树，果树

续表

名称	特性	寓意	应用传统
桃	蔷薇科落叶小乔木，花单生，比叶先开放，果球形或卵形	桃花比喻美女娇容；桃有灵气，驱邪，如桃印、桃符、桃剑、桃人等	多栽植于庭园、绿地住宅旁
石榴	落叶灌木或小乔木，花多色，果多子，可供食用	因石榴百子，所以被视为吉祥物，象征多子多福	广泛栽植于民居庭院及住宅旁，也见于寺院中，是寺院常用花木
橘	常绿乔木，果实多汁，味酸甜可食用，种子、树叶、果皮均可入药	橘有灵性，传说可应验事物；在民俗中，橘与吉谐音，象征吉祥	多栽植于庭园绿地住宅，作为绿化用树，也作为果树栽植
梅	蔷薇科落叶乔木，花比叶先开放，白色或淡红色，芳香，花期3月。梅在冬春之交开花，独天下而春，有报春花之称	梅傲雪，象征坚贞不屈的品格；梅比喻女人，竹比喻男人，婚联有竹梅双喜。男女少年称为青梅竹马。梅花是吉祥的象征，有五瓣，象征五福：快乐、幸福、长寿、顺利、和平	多栽植于庭园、绿地、住宅；可制作盆景；果实可食用，具有经济价值。梅有四贵：稀、老、瘦、含
牡丹	牡丹属毛茛科灌木，牡丹是中国产的名花	牡丹有花王、富贵花之称，寓意吉祥、富贵	与寿石组合象征长命富贵，与长春花组合为富贵长春的景观，常片植或独植于花台之上，形成牡丹台
芙蓉	锦葵科落叶大灌木或小乔木，花形大而美观，变色。四川盛产，秋冬开花，霜降最多	芙蓉谐音富荣，在图案中常与牡丹合组为荣华富贵，均具吉祥意蕴	五代时蜀后主孟昶在宫苑城头，遍植木芙蓉，花开如锦，所以后人称成都为锦城、蓉城。常栽植于庭院中
月季	蔷薇科直立灌木	因月季四季常开而民俗视为祥瑞，有四季平安的意蕴	月季与天竹组合有四季常春意蕴，花可提取香料
葫芦	为藤本植物，藤蔓绵延，果实累累，籽粒繁多	象征子孙繁盛；民俗传统认为葫芦吉祥而避邪气	庭院中的棚架植物，果实可食用，可做容器
茱萸	茴香科常绿小乔木，其气味香烈，九月九日前后成熟，色赤红	象征吉祥，可以避邪，茱萸雅号辟邪翁，唐代盛行重阳节配搭茱萸	住宅旁种茱萸树可延年益寿、除病害
菖蒲	为多年生草本植物，可栽于浅水、湿地	民俗认为菖蒲象征富贵，可以避邪，其味使人延年益寿	多为野生，但也适合在住宅旁、绿地、水边、湿地栽植
万年青	百合科多年生宿根常绿草本，叶肥果红，花小，白而带绿	象征吉祥、长寿	观叶、观果兼备的花卉，皇家园林中用桶栽万年青
莲花	睡莲科水声宿根植物，藕可食用，可药用，补中益气，莲子可清心解暑	莲花图案也是佛教的标志；在中国，莲花被崇为君子，象征清正廉明。并蒂莲，象征夫妻恩爱	古典园林中广泛使用的水生植物，也可以盆栽于庭园、寺院中
菩提树	桑科常绿或者落叶乔木，树皮光滑白色，11月开花，冬季果熟	在佛教国家被视为神圣的树木，是佛教的象征	多植于寺院

参 考 文 献

[1] 刘振宇，邵金丽. 园林植物病虫害防治手册 [M]. 北京：化学工业出版社，2009.

[2] 刘慧民. 风景园林树木资源与造景学 [M]. 北京：化学工业出版社，2011.

[3] 张东林. 初级园林绿化与育苗工培训考试教程 [M]. 北京：中国林业出版社，2005.

[4] 农业部农民科技教育培训中心，中央农业广播电视学校. 园林绿化工 [M]. 北京：中国农业大学出版社，2007.

[5] 胡长龙，戴洪，胡桂林. 园林植物景观规划与设计 [M]. 北京：机械工业出版社，2010.

[6] 杨秀珍，王兆龙. 园林草坪与地被 [M]. 北京：中国林业出版社，2010.

[7] 李文敏. 园林植物应用 [M]. 北京：中国建筑工业出版社，2006.

[8] 王立新. 园林植物应用技术 [M]. 北京：中国劳动社会保障出版社，2009.

[9] 谢云. 园林植物造景工程施工细节 [M]. 北京：机械工业出版社，2009.

[10] 尹吉光. 图解园林植物造景 [M]. 北京：机械工业出版社，2007.

[11] 李俊英，负剑，付宝春. 园林植物造景及其表现 [M]. 北京：中国农业科学技术出版社，2010.

[12] 赵和文. 园林树木选择·栽植·养护 [M]. 北京：化学工业出版社，2009.

[13] 佘远国. 园林植物栽培与养护管理 [M]. 北京：机械工业出版社，2007.

[14] 张秀英. 园林树木栽培养护学 [M]. 北京：高等教育出版社，2005.

[15] 马金贵，曾斌. 园林苗圃 [M]. 北京：中国电力出版社，2009.

[16] 柳振亮. 苗木培育实用技术 [M]. 北京：化学工业出版社，2009.

[17] 杨玉贵，王洪军. 园林苗圃 [M]. 北京：北京大学出版社，2007.

[18] 张天麟. 园林树木 1600 种 [M]. 北京：中国建筑工业出版社，2010.

[19] 成海钟. 观赏植物生成技术 [M]. 苏州：苏州大学出版社，2009.

[20] 殷嘉俭. 园林植物基础 [M]. 北京：中国劳动社会保障出版社，2009.

[21] 梁永基，王莲清. 机关单位园林绿地设计 [M]. 北京：中国林业出版社，2002.

[22] 刘福智. 园林景观建筑设计 [M]. 北京：机械工业出版社，2007.

[23] 田建林. 园林假山与水体景观小品施工细节 [M]. 北京：机械工业出版社，2009.

[24] 熊运海. 园林植物造景 [M]. 北京：化学工业出版社，2009.

[25] 王鹏，贾志国，冯莎莎. 园林树木移植与整形修剪 [M]. 北京：化学工业出版社，2010.

[26] 杜培明. 园林植物造景 [M]. 北京：旅游教育出版社，2011.

[27] 李月华. 园林绿化实用技术 [M]. 北京：化学工业出版社，2009.

[28] 张养忠，郑红霞，张颖. 园林树木与栽培养护 [M]. 北京：化学工业出版社，2006.

[29] 王玉凤. 园林树木栽培与养护 [M]. 北京：机械工业出版社，2010.

[30] 苏雪痕. 植物造景 [M]. 北京：中国林业出版社，1994.

[31] 侯少恩. 浅谈南方果树在南方园林造景中的应用 [J]. 广西热带农业，2010，(3)：63.

[32] 徐柳，韦开云. 果树在园林植物造景中的应用 [J]. 安徽农学通报，2009，(8)：152-154.

[33] 汪婷，刘惠锋，傅德亮. 果树在居住区造景中的应用研究——以上海市为例 [J]. 安徽农业科学，2009，37 (8).

[34] 贾建中. 现代园林机械 [M]. 北京：中国林业出版社，2001.

[35] 俞国胜. 草坪养护机械 [M]. 北京：中国农业出版社，2004.

[36] 陈忠民. 园林机械维修速成图解 [M]. 南京：江苏科学技术出版社，2009.

[37] 赵建民. 园林规划设计 [M]. 北京：中国农业出版社，2001.

[38] 李跃军. 色彩灌木在城市绿地建设中的选择及布局 [J]. 湖南林业科技，2003，(2)：83-85.

[39] 白瑞琴，郭秀辽，安世兵. 园林绿地中植物色彩的合理应用 [J]. 内蒙古农业科技，2000，(5)：32-33.

[40] 卢军. 图案设计在园林绿化中的应用 [J]. 西北林学院报，2002，17 (1)：87-90.

[41] 许伟，李春涛，丁增成等. 园林彩叶地被植物品种与辐射诱变育种 [J]. 安徽农业科学，2002，30 (3)：435-436.

[42] 张玲慧，夏宜平. 地被植物在园林中的应用及研究现状 [J]. 中国园林，2003，19 (9)：54-57.

[43] 张朝阳，许桂芳. 色块布置在园林设计中的应用 [J]. 陕西林业科技，2004，(3)：57-59.

[44] 许桂芳，吴铁明，黄珂. 浅谈园林植物造景 [J]. 广西林业科学，2005，34 (1)：41-43，46.

[45] 邵丽艳，王丽. 漫谈园林植物配置与造景 [J]. 天津农学院学报，2004，11 (1)：50-53.

[46] 马苏清. 浅谈植物造景. 天津农林科技 [J], 2004, 2 (1): 26-27.
[47] 陈晓娟, 潘迎珍. 论园林植物造景艺术 [J]. 西北林学院报, 1995, 10 (1): 84-88.
[48] 苏雪痕. 植物造景 [M]. 北京: 中国林业出版社, 1994.
[49] 冉新霞, 鲍滨福. 浙江林学院东湖校区植物造景研究 [J]. 浙江林业科技, 2003, 9 (5): 58-60.
[50] 北京林业大学园林系花卉教研组. 花卉学 [M]. 北京: 中国林业出版社, 1990.
[51] 陈有民. 园林树木学 [M]. 北京: 中国林业出版社, 1990.
[52] 包满珠. 花卉学 [M]. 北京: 中国林业出版社, 1998.
[53] 邓解悟. 观赏植物资源与中国园林 [J]. 中国园林, 1996, 12 (4): 46-47.
[54] 莫计合. 园林植物造景几个问题的分析与探讨 [J]. 湖南林业科技, 2002, 9 (3): 86-88.
[55] 田英翠. 观果树种在园林中的应用 [J]. 北方园艺, 2007, (5): 157-158.
[56] 吴诗华. 观果植物栽培与欣赏 [M]. 福州: 福建科学技术出版社, 1998.
[57] 孔岚兰. 观果树种在江浙居住区园林绿化中的应用探讨 [J]. 浙江林业科技, 2005, 25 (4): 81.
[58] 李保印, 周秀梅, 孙红岩. 观果树种及其在园林绿化中的应用 [J]. 河北林果研究, 2003, 18 (1): 58-59.
[59] 颜良, 栗辉. 黑龙江省野生观果树种在城市园林绿化中的应用 [J]. 林业调查规划, 2005, 30 (6): 100-101.
[60] 唐小刚. 几种适宜园林和盆栽的观赏果树品种及应用 [J]. 甘肃农业科技, 2005, (8): 45.
[61] 陈俊愉. 跨世纪中华花卉业的奋斗目标 [J]. 花木盆景, 2000, (1): 2-3.
[62] 中国农业百科全书. 观赏园艺卷 [M]. 北京: 农业出版社, 1996.
[63] 王敏. 盆栽的黑宝石李 [J]. 中国花卉盆景, 1998, (9): 6.
[64] 余树勋. 果之恋 [J]. 中国花卉盆景, 1998, (9): 17.
[65] 余树勋. 赢得秋色飨游人 [J]. 中国花卉盆景, 1998, (12): 33.
[66] 刘金. 观果花木种类多 [J]. 中国花卉盆景, 2000, (11): 20.
[67] 刘孟军. 中国野生果树 [M]. 北京: 中国农业出版社, 1998.
[68] 陈树国. 观赏园艺学 [M]. 北京: 中国农业出版社, 1991.
[69] 邵忠. 中国盆景制作图说 [M]. 上海: 上海科学技术出版社, 1996.